안쌤의

STEAM
+창의사고력
수학 100제

초등 **4**학년

SD에듀
시대교육(주)

안쌤의

STEAM
+ 창의사고력
수학 100제

초등 **4**학년

안쌤
영재교육연구소

안쌤 영재교육연구소 학습 자료실

샘플 강의와 정오표 등 여러 가지 학습 자료를 확인하세요~!

「안쌤의 STEAM + 창의사고력 수학 100제 초등 3~4학년」 도서를 가지고 계시다면
학습 자료실 문항 분류표를 확인하세요. 학년별 분권으로 기존 도서와 문항 내용이 동일합니다.

이 책을 펴내며

STEAM을 정의하자면 '과학(Science), 기술(Technology), 공학(Engineering), 수학(Mathematics)의 연계 교육을 통해 각 과목의 흥미와 이해 및 기술적 소양을 높이고 예술(Art)을 추가함으로써 융합사고력과 실생활 문제해결력을 배양하는 교육'이라 설명할 수 있습니다. 여기서 STEAM은 과학(S), 기술(T), 공학(E), 인문·예술(A), 수학(M)의 5개 분야를 말합니다.

STEAM은 일상생활에서 마주할 수 있는 내용을 바탕으로 다양한 분야의 지식과 시선을 활용해 학생의 흥미와 창의성을 이끌어 내는 교육입니다. 학교에서는 이미 누군가 완성해 놓은 지식과 개념을 정해진 순서에 따라 배워야 합니다. 또한, 지식은 선생님의 강의를 통해 학생들에게 전달되므로 융합형 교육의 내용을 접하기도, 학생들 스스로 창의성을 발휘하기도 어려운 것이 사실입니다.

『STEAM + 창의사고력 수학 100제』를 통해 수학을 바탕으로 다양한 분야의 지식과 STEAM 문제를 접할 수 있습니다. 이 책에 실린 수학 문제를 풀며 수학적 지식뿐만 아니라 현상이나 사실을 수학적으로 분석하고, 추산하며 다양한 아이디어를 내어 창의성을 기를 수 있습니다. 『STEAM + 창의사고력 수학 100제』가 학생들에게 조금 더 쉽고, 재미있게 STEAM을 접할 수 있는 기회가 되었으면 합니다.

영재교육원 선발을 비롯한 여러 평가에서 STEAM을 바탕으로 한 융합사고력과 창의성이 평가의 핵심적인 기준으로 활용되고 있습니다. 이러한 평가에 따른 다양한 내용과 문제를 접해 보는 것은 학생들의 실력을 높이는 데 중요한 경험이 될 것입니다.

> **"** 아무것도 아닌 것 같은 당연한 사실도
> 수학이라는 안경을 쓰고 보면 새롭게 보인다. **"**

강의 중 자주 하는 말입니다.
『STEAM + 창의사고력 수학 100제』가 학생들에게 새로운 사실을 보여 주는 안경이 되기를 바랍니다.

안쌤 영재교육연구소 수달쌤 이상호

영재교육원에 대해 궁금해 하는 Q&A

No.1 안쌤이 생각하는 대학부설 영재교육원과 교육청 영재교육원의 차이점

Q 어느 영재교육원이 더 좋나요?

A 대학부설 영재교육원이 대부분 더 좋다고 할 수 있습니다. 대학부설 영재교육원은 대학 교수님 주관으로 진행하고, 교육청 영재교육원은 영재 담당 선생님이 진행합니다. 교육청 영재교육원은 기본 과정, 대학부설 영재교육원은 심화 과정, 사사 과정을 담당합니다.

Q 어느 영재교육원이 들어가기 쉽나요?

A 대부분 대학부설 영재교육원이 더 합격하기 어렵습니다. 대학부설 영재교육원은 9~11월, 교육청 영재교육원은 11~12월에 선발합니다. 먼저 선발하는 대학부설 영재교육원에 대부분의 학생들이 지원하고 상대평가로 합격이 결정되므로 경쟁률이 높고 합격하기 어렵습니다.

Q 선발 요강은 어떻게 다른가요?

A

대학부설 영재교육원은 대학마다 다양한 유형으로 진행이 됩니다.	교육청 영재교육원은 지역마다 다양한 유형으로 진행이 됩니다.
1단계 서류 전형으로 자기소개서, 영재성 입증자료 **2단계** 지필평가 　　　(창의적 문제해결력 평가(검사), 영재성판별검사, 　　　창의력검사 등) **3단계** 심층면접(캠프전형, 토론면접 등) ※ 지원하고자 하는 대학부설 영재교육원 요강을 꼭 확인해 주세요.	GED 지원단계 자기보고서 포함 여부 **1단계** 지필평가 　　　(창의적 문제해결력 평가(검사), 영재성검사 등) **2단계** 면접 평가(심층면접, 토론면접 등) ※ 지원하고자 하는 교육청 영재교육원 요강을 꼭 확인해 주세요.

No.2 교재 선택의 기준

Q 현재 4학년이면 어떤 교재를 봐야 하나요?

A 교육청 영재교육원은 선행 문제를 낼 수 없기 때문에 현재 학년에 맞는 교재를 선택하시면 됩니다.

Q 현재 6학년인데, 중등 영재교육원에 지원합니다. 중등 선행을 해야 하나요?

A 현재 6학년이면 6학년과 관련된 문제가 출제됩니다. 중등 영재교육원이라 하는 이유는 올해 합격하면 내년에 중학교 1학년이 되어 영재교육원을 다니기 때문입니다.

Q 대학부설 영재교육원은 수준이 다른가요?

A 대학부설 영재교육원은 대학마다 다르지만 1~2개 학년을 더 공부하는 것이 유리합니다.

No.3 지필평가 유형 안내

Q 영재성검사와 창의적 문제해결력 검사는 어떻게 다른가요?

A 과거

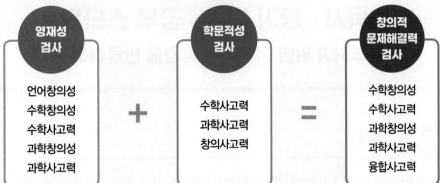

영재성
검사

언어창의성
수학창의성
수학사고력
과학창의성
과학사고력

+

학문적성
검사

수학사고력
과학사고력
창의사고력

=

창의적
문제해결력
검사

수학창의성
수학사고력
과학창의성
과학사고력
융합사고력

현재

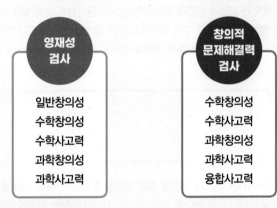

영재성
검사

일반창의성
수학창의성
수학사고력
과학창의성
과학사고력

창의적
문제해결력
검사

수학창의성
수학사고력
과학창의성
과학사고력
융합사고력

지역마다 실시하는 시험이 다릅니다.
서울: 창의적 문제해결력 검사
부산: 창의적 문제해결력 검사(영재성검사＋학문적성검사)
대구: 창의적 문제해결력 검사
대전＋경남＋울산: 영재성검사, 창의적 문제해결력 검사

No.4 영재교육원 대비 파이널 공부 방법

Step1 자기인식

자가 채점으로 현재 자신의 실력을 확인해 주세요. 남은 기간 동안 효율적으로 준비하기 위해서는 현재 자신의 실력을 확인해야 합니다.
기간이 많이 남지 않았다면 빨리 지필평가에 맞는 교재를 준비해 주세요.

Step2 답안 작성 연습

지필평가 대비로 가장 중요한 부분은 답안 작성 연습입니다. 모든 문제가 서술형이라서 아무리 많이 알고 있고, 답을 알더라도 답안을
제대로 작성하지 않으면 점수를 잘 받을 수 없습니다. 꼭 답안 쓰는 연습을 해 주세요. 자가 채점이 많은 도움이 됩니다.

안쌤이 생각하는 자기주도형 수학 학습법

변화하는 교육정책에 흔들리지 않는 것이 자기주도형 학습법이 아닐까?
입시 제도가 변해도 제대로 된 학습을 한다면 자신의 꿈을 이루는 데 걸림돌이 되지 않는다!

독서 ▶ 동기 부여 ▶ 공부 스타일로
공부하기 위한 기본적인 환경을 만들어야 한다.

1단계 독서

'빈익빈 부익부'라는 말은 지식에도 적용된다. 기본적인 정보가 부족하면 새로운 정보도 의미가 없지만, 기본적인 정보가 많으면 새로운 정보를 의미 있는 정보로 만들 수 있고, 기본적인 정보와 연결해 추가적인 정보(응용 · 창의)까지 쌓을 수 있다. 그렇기 때문에 먼저 기본적인 지식을 쌓지 않으면 아무리 열심히 공부해도 수학 과목에서 높은 점수를 받기 어렵다. 기본적인 지식을 많이 쌓는 방법으로는 독서와 다양한 경험이 있다. 그래서 입시에서 독서 이력과 창의적 체험활동(www.neis.go.kr)을 보는 것이다.

2단계 동기 부여

인간은 본인의 의지로 선택한 일에 책임감이 더 강해지므로 스스로 적성을 찾고 장래를 선택하는 것이 가장 좋다. 스스로 적성을 찾는 방법은 여러 종류의 책을 읽어서 자기가 좋아하는 관심 분야를 찾는 것이다. 자기가 원하는 분야에 관심을 갖고 기본 지식을 쌓다 보면, 쌓인 기본 지식이 학습과 연관되면서 공부에 흥미가 생겨 점차 꿈을 이루어 나갈 수 있다. 꿈과 미래가 없이 막연하게 공부만 하면 두뇌의 반응이 약해진다. 그래서 시험 때까지만 기억하면 그만이라고 생각하는 단순 정보는 시험이 끝나는 순간 잊어버린다. 반면 중요하다고 여긴 정보는 두뇌를 강하게 자극해 오래 기억된다. 살아가는 데 꿈을 통한 동기 부여는 학습법 자체보다 더 중요하다고 할 수 있다.

3단계 공부 스타일

공부하는 스타일은 학생마다 다르다. 예를 들면, '익숙한 것을 먼저 하고 익숙하지 않은 것을 나중에 하기', '쉬운 것을 먼저 하고 어려운 것을 나중에 하기', '좋아하는 것을 먼저 하고, 싫어하는 것을 나중에 하기' 등 다양한 방법으로 공부를 하다 보면 자신에게 맞는 공부 스타일을 찾을 수 있다. 자신만의 방법으로 공부를 하면 성취감을 느끼기 쉽고, 어떤 일이든지 자신 있게 해낼 수 있다.

어느 정도 기본적인 환경을 만들었다면
이해 - 기억 - 복습의 자기주도형 3단계 학습법으로
창의적 문제해결력을 키우자.

1단계 · 이해

단원의 전체 내용을 쭉 읽어본 뒤, 개념 확인 문제를 풀면서 중요 개념을 확인해 전체적인 흐름을 잡고 내용 간의 연계(마인드맵 활용)를 만들어 전체적인 내용을 이해한다.
개념을 오래 고민하고 깊이 이해하려 하는 습관은 스스로에게 질문하는 것에서 시작된다.
[이게 무슨 뜻일까? / 이건 왜 이렇게 될까? / 이 둘은 뭐가 다르고, 뭐가 같을까? / 왜 그럴까?]
막히는 문제가 있으면 먼저 머릿속으로 생각하고, 끝까지 이해가 안 되면 답지를 보고 해결한다. 그래도 모르겠으면 여러 방면 (관련 도서, 인터넷 검색 등)으로 이해될 때까지 찾아보고, 그럼에도 이해가 안 된다면 선생님께 여쭤 보라. 이런 과정을 통해서 스스로 문제를 해결하는 능력이 키워진다.

2단계 · 기억

암기해야 하는 부분은 의미 관계를 중심으로 분류해 전체 내용을 조직한 후 자신의 성격이나 환경에 맞는 방법, 즉 자신만의 공부 스타일로 공부한다. 이때 노력과 반복이 아닌 흥미와 관심으로 시작하는 것이 중요하다. 그러나 흥미와 관심만으로는 힘들수 있기 때문에 단원과 관련된 수학 개념이 사회 현상이나 기술을 설명하기 위해 어떻게 활용되고 있는지를 알아보면서 자연스럽게 다가가는 것이 좋다.
그리고 개념 이해를 요구하는 단원은 기억 단계를 필요로 하지 않기 때문에 이해 단계에서 바로 복습 단계로 넘어가면 된다.

3단계 · 복습

수학에서의 복습은 여러 유형의 문제를 풀어 보는 것이다. 이렇게 할 때 교과서에 나온 개념과 원리를 제대로 이해할 수 있을 것이다. 기본 교재(내신 교재)의 문제와 심화 교재(창의사고력 교재)의 문제를 풀면서 문제해결력과 창의성을 키우는 연습을 한다면 수학에서 좋은 점수를 받을 수 있을 것이다.

마지막으로 과목에 대한 흥미를 바탕으로 정서적으로 안정적인 상태에서 낙관적인 태도로 자신감 있게 공부하는 것이 가장 중요하다.

안쌤 영재교육연구소 대표 **안 재 범**

안쌤이 생각하는 **영재교육원 대비 전략**

1. 학교 생활 관리: 담임교사 추천, 학교장 추천을 받기 위한 기본적인 관리

- 교내 각종 대회 대비 및 창의적 체험활동(www.neis.go.kr) 관리
- 독서 이력 관리: 교육부 독서교육종합지원시스템 운영

2. 흥미 유발과 사고력 향상: 학습에 대한 흥미와 관심을 유발

- 퍼즐 형태의 문제로 흥미와 관심 유발
- 문제를 해결하는 과정에서 집중력과 두뇌 회전력, 사고력 향상

▲ 안쌤의 사고력 수학 퍼즐 시리즈 (총 14종)

3. 교과 선행: 학생의 학습 속도에 맞춰 진행

- '교과 개념 교재 ➡ 심화 교재'의 순서로 진행
- 현행에 머물러 있는 것보다 학생의 학습 속도에 맞는 선행 추천

4. 수학, 과학 과목별 학습

- 수학, 과학의 개념을 이해할 수 있는 문제해결

▲ 안쌤의 창의사고력 수학 실전편 시리즈

(초급, 중급, 고급)

▲ 안쌤의 STEAM + 창의사고력
수학 100제 시리즈

(초등 1, 2, 3, 4, 5, 6학년)

▲ 안쌤의 STEAM + 창의사고력
과학 100제 시리즈

(초등 1, 2, 3, 4, 5, 6학년)

5. 융합 사고력 향상

- 융합 사고력을 향상시킬 수 있는 문제해결

◀ 안쌤의 수 · 과학 융합 특강

6. 지원 가능한 영재교육원 모집 요강 확인

- 지원 가능한 영재교육원 모집 요강을 확인하고 지원 분야와 전형 일정 확인
- 지역마다 학년별 지원 분야가 다를 수 있음

7. 지필평가 대비

- 평가 유형에 맞는 교재 선택과 서술형 답안 작성 연습 필수

▲ 영재성검사 창의적 문제해결력
모의고사 시리즈

(초등 3~4, 5~6, 중등 1~2학년)

▲ SW 정보영재 영재성검사
창의적 문제해결력 모의고사 시리즈

(초등 3~4, 초등 5~중등 1학년)

8. 탐구보고서 대비

- 탐구보고서 제출 영재교육원 대비

◀ 안쌤의 신박한 과학 탐구보고서

9. 면접 기출문제로 연습 필수

- 면접 기출문제와 예상문제에 자신
만의 답변을 글로 정리하고, 말로
표현하는 연습 필수

◀ 안쌤과 함께하는 영재교육원 면접 특강

안쌤 영재교육연구소 수학·과학 학습 진단 검사

수학·과학 학습 진단 검사란?

수학·과학 교과 학년이 완료되었을 때 개념이해력, 개념응용력, 창의력, 수학사고력, 과학탐구력, 융합사고력 부분의 학습이 잘 되었는지 진단하는 검사입니다.

영재교육원 대비를 생각하시는 학부모님과 학생들을 위해, 수학·과학 학습 진단 검사를 통해 영재교육원 대비 커리큘럼을 만들어 드립니다.

검사지 구성

과학 13문항	• 다답형 객관식 8문항 • 창의력 2문항 • 탐구력 2문항 • 융합사고력 1문항	
수학 20문항	• 수와 연산 4문항 • 도형 4문항 • 측정 4문항 • 확률/통계 4문항 • 규칙/문제해결 4문항	

수학·과학 학습 진단 검사 진행 프로세스

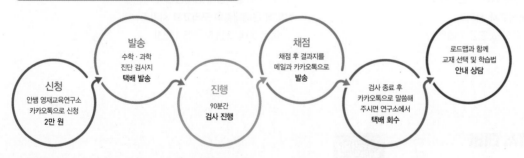

신청
안쌤 영재교육연구소
카카오톡으로 신청
2만 원

발송
수학·과학
진단 검사지
택배 발송

진행
90분간
검사 진행

채점
채점 후 결과지를
메일과 카카오톡으로
발송

검사 종료 후
카카오톡으로 말씀해
주시면 연구소에서
택배 회수

로드맵과 함께
교재 선택 및 학습법
안내 상담

수학·과학 학습 진단 학년 선택 방법

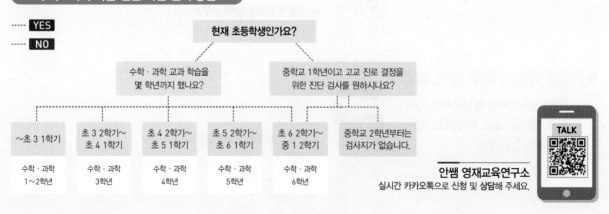

----- YES
----- NO

현재 초등학생인가요?

수학·과학 교과 학습을
몇 학년까지 했나요?

중학교 1학년이고 고교 진로 결정을
위한 진단 검사를 원하시나요?

~초 3 1학기	초 3 2학기~ 초 4 1학기	초 4 2학기~ 초 5 1학기	초 5 2학기~ 초 6 1학기	초 6 2학기~ 중 1 2학기	중학교 2학년부터는 검사지가 없습니다.
수학·과학 1~2학년	수학·과학 3학년	수학·과학 4학년	수학·과학 5학년	수학·과학 6학년	

TALK

안쌤 영재교육연구소
실시간 카카오톡으로 신청 및 상담해 주세요.

이 책의 구성과 특징

창의사고력 실력다지기 100제

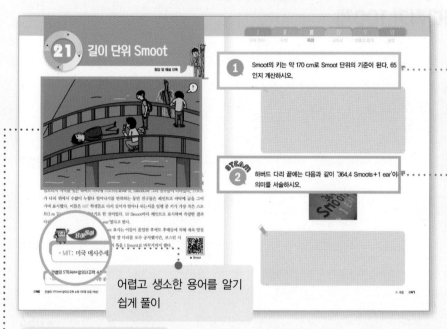

교과사고력 문제로 기본적인
교과 내용을 학습하는 단계

융합사고력 문제로 다양한 아
이디어와 원리 탐구를 통해
창의사고력 향상

어렵고 생소한 용어를 알기
쉽게 풀이

실생활에 쉽게 접할 수 있는
상황을 이용해 흥미 유발

영재성검사 창의적 문제해결력 평가 기출문제

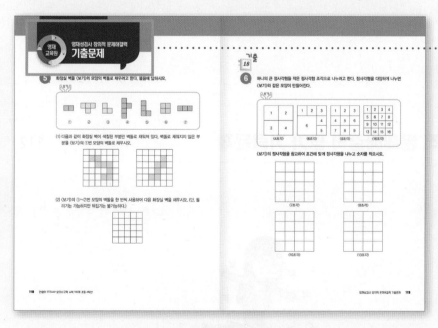

· 교육청 · 대학 · 과학고 부설
  영재교육원 영재성검사, 창
  의적 문제해결력 평가 최신
  기출문제 수록
· 영재교육원 선발 시험의 문
  제 유형과 출제 경향 예측

이 책의 차례

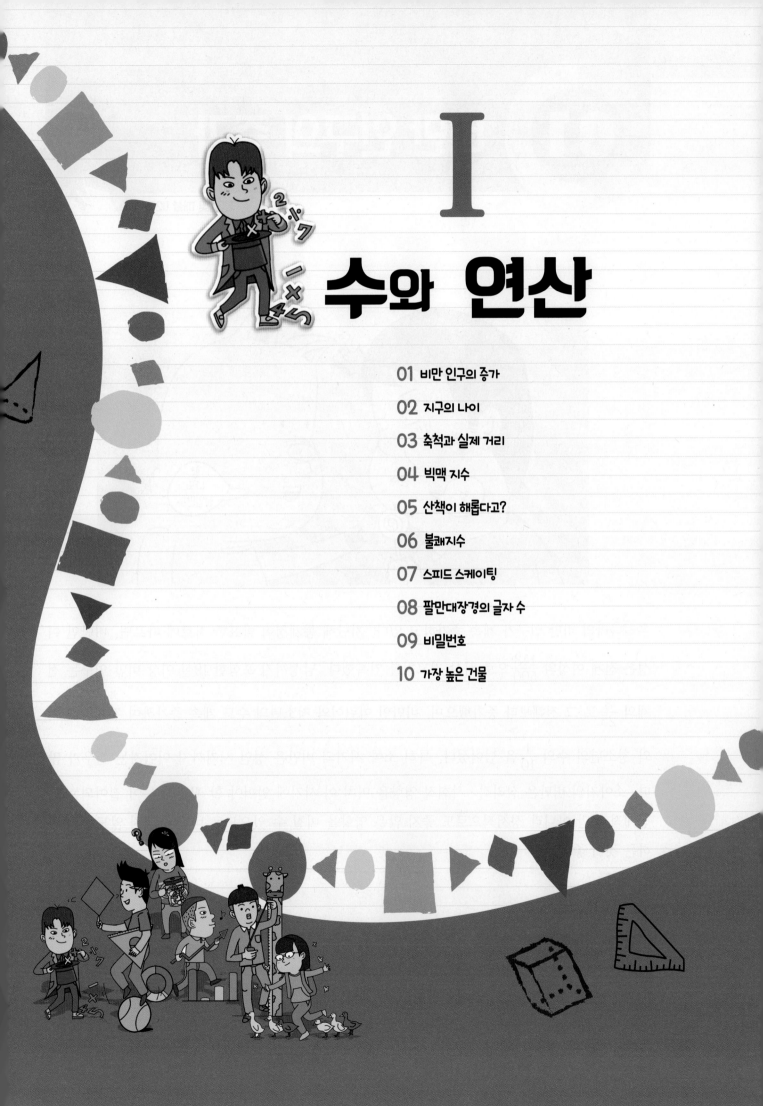

I

수와 연산

 **비만 인구의 증가**

정답 및 해설 02쪽

우리나라의 비만 인구가 계속 증가하고 있다. 지난해 통계청이 발표한 자료에 따르면, 비만인 여성은 전체 여성의 $\frac{143}{500}$으로 사상 최고치를 기록했다. 남성까지 포함한 19살 이상 비만 인구는 전체의 $\frac{8}{25}$로 그 전해보다 증가했으며, 비만인 어린이와 청소년의 수도 계속 증가하여 전체 어린이와 청소년의 수의 $\frac{1}{10}$을 넘어섰다. 특히 소아 시기의 비만은 성인 시기까지 이어지는 경우가 많다. 소아기의 비만은 심리적 · 사회적 영향을 미쳐 이 시기에 얻어야 할 **자존감** 등이 결여되는 등 신체적 뿐만 아니라 정서적으로도 좋지 않은 영향을 미칠 수 있으므로 비만이 되지 않도록 주의하는 것이 좋다.

 **용어풀이**

• **자존감**: 스스로를 소중하게 생각하고 존중하는 마음

1 비만 인구가 증가하는 이유를 3가지 서술하시오.

2 최근 비만 연구 결과에 따르면 전 세계 인구 중 약 21억 명이 과체중이라 한다. 2030년 전 세계의 과체중 인구는 얼마나 될지 예상하고, 그 이유를 서술하시오.

02 지구의 나이

정답 및 해설 02쪽

우리들은 각자의 현재 나이를 알고 있다. 이는 우리가 태어나서 자라는 과정을 부모님과 주변 사람들이 지켜보았고, 기록이 남아 있기 때문이다. 그러나 지구의 나이가 정확히 몇 살인지 말할 수 있는 사람이 아무도 없다. 누구도 **지구의 탄생** 과정을 보지 못했기 때문이다. 과학자들은 지구의 나이를 대략 46억 년으로 잡고 있다. 달에서 가지고 온 돌을 연구한 결과 그 돌이 약 46억 9000만 년 전에 생겨난 것으로 밝혀졌기 때문이다. 한편, 지구의 나이가 오래되지 않았다고 생각하는 사람들도 있다. 1980년에 폭발한 미국의 세인트헬렌스 화산이 분출한 지 9시간 만에 산들의 모양이 알아볼 수 없게 달라졌고, 5개월 만에 거대한 계곡이 만들어진 것으로 보아 지구의 생성도 그리 오래되지 않았을지도 모른다는 이유에서이다.

용어풀이

- **지구의 탄생**: 태양 주위의 미행성들이 뭉쳐져서 탄생한 것으로 추측하고 있다. 탄생 직후의 지구는 매우 뜨겁고 변화가 많은 위험한 환경이었으나 지구가 점점 식어가면서 바다가 생긴 이후 생물이 살아갈 수 있는 환경이 되었다.

1 지구는 처음 만들어졌을 때 뜨거운 마그마 덩어리였을 것으로 예상된다. 마그마는 행성 내부에 있는 암석이 녹은 뜨거운 물질이다. 일반적으로 마그마의 온도는 1300~1650 ℃로 알려져 있다. 1억 년이 지나는 동안 지구의 온도가 $\frac{1}{4}$만큼씩 낮아진다면 2억 년이 지난 후 지구의 온도는 몇 ℃인지 서술하시오. (단, 처음 지구의 온도는 1600 ℃라 가정한다.)

STEAM
2 우주에는 지구와 같이 생물이 살기 적당한 행성이 있을지 없을지 예상하고, 그 이유를 서술하시오.

축척은 실제 거리와 지도상에 나타낸 거리의 비율을 의미한다. 보통 분수나 비로 표현하고 거리 눈금을 알려주는 자가 함께 표시되기도 한다. 축척을 나타내는 분수가 클수록, 즉 분모가 작을수록 대축척이라 한다. 세계 지도를 그릴 때는 수천만 분의 1이라는 극히 작은 소축척을 이용해 나타낸다. 축척이 $\frac{1}{500}$로 표시된 지도는 실제 모양을 $\frac{1}{500}$로 축소하여 그렸다는 의미이다. 이것을 이용하면 지도와 축척을 이용해 실제 거리를 계산할 수 있다.

지도는 실제 지형을 그림이나 사진을 통해 작게 표현했으므로 서로 닮음이라 할 수 있다. 이때의 축척은 실제 지형과 지도의 닮음비와 같다.

 용어풀이

- 닮음: 두 도형의 크기는 다르지만 모양이 같을 때 서로 닮음이라 한다.
- 닮음비: 닮음인 두 도형에서 대응하는 변의 길이의 비

서울에서 부산까지의 거리를 알 수 있는 방법을 3가지 서술하시오.

 지도와 축척을 이용해 계산한 거리와 실제 거리가 서로 다른 이유를 서술하시오.

햄버거로 각 나라의 물가 지수를 비교한다?

세계적으로 널리 쓰이는 제품이 어떤 나라에서 얼마에 팔리는지 알면, 그 나라의 돈의 가치를 알수 있다. 품질, 크기, 재료가 모두 같은 제품이면 각 나라의 물가를 비교하기 좋은 기준이 되기때문이다. 이처럼 각 나라의 물가 수준을 파악할 수 있는 대표적인 제품에는 맥도날드 햄버거인'빅맥'을 꼽을 수 있다.

빅맥 지수는 햄버거 '빅맥'의 나라별 가격을 미국 달러로 바꾸어 120여 개국의 물가 수준과 화폐의 가치를 비교한 것이다. 이를 통해 각 나라 환율의 적정성을 확인할 수도 있다.

• 환율: 자기 나라 돈과 다른 나라 돈의 교환 비율

1 나라마다 빅맥의 가격이 다른 이유를 서술하시오.

STEAM

2 빅맥 지수가 높다는 것은 어떤 의미인지 수학적으로 서술하시오.

순위	국가명	빅맥 지수($)	순위	국가명	빅맥 지수($)
1	스위스	6.98	14	호주	4.51
2	노르웨이	6.39	26	중국	3.83
3	미국	5.81	27	한국	3.82
4	스웨덴	5.79	33	일본	3.38
5	우루과이	5.43	41	베트남	3.05

정답 및 해설 04쪽

국내 한 대학의 환경공해연구소의 보고서에 따르면 서울의 경우 미세먼지로 인해 월평균 1179명이 초과 사망하는 것으로 추정됐다. 1년 단위로 계산하면 2만 3천여 명이 넘는 시민들의 수명이 단축되고 있다. 미세먼지 오염도가 120 $\mu g/m^3$ 이상이면 주의보가 발령되고, 오염도가 162 $\mu g/m^3$인 실외에서 한 시간 동안 산책하면 밀폐 공간에서 담배 연기를 1시간 24분 동안 들이마시는 것과 같다는 연구 결과도 있다.

미세먼지 속에 들어 있는 초미세먼지는 몸에 더 해롭다. 초미세먼지 입자는 머리카락 굵기의 $\frac{1}{25}$ 정도의 크기로, 호흡기 깊숙이 침투할 수 있기 때문이다.

 용어풀이

- 1 μg: 마이크로그램, 1 g의 $\frac{1}{100만}$의 무게, 1 mg의 $\frac{1}{1000}$의 무게이다.

1 미세먼지 오염도가 높은 실외에서 1시간 동안 산책을 하는 것은 밀폐 공간에서 담배 연기를 1시간 24분 동안 들이마시는 것과 같다는 연구 결과가 있다. 1시간 24분은 몇 시간인지 소수로 나타내시오.

2 미세먼지는 경유를 연료로 사용하는 자동차나 공장의 매연, 담배 연기 등에 의해 발생한다. 미세먼지에 의한 피해는 누가 보상해 주어야 한다고 생각하는지 그 이유와 함께 서술하시오.

정답 및 해설 04쪽

사막은 기온이 40 ℃에 이르지만, 그늘에 들어가면 그다지 덥지 않다. 하지만 우리나라는 여름철 기온이 30 ℃만 되어도 푹푹 찌는 듯한 찜통 더위를 느끼게 된다. 기온이 더 낮은 우리나라의 여름이 사막보다 더 덥게 느껴지는 이유는 체감온도가 다르기 때문이다. 체감온도는 기온뿐만 아니라 바람, 습도에 따라 달라진다. 불쾌지수는 체감온도를 나타내는 방법의 하나로, 더위에 대하여 몸이 느끼는 불쾌감을 건구 온도와 습구 온도를 이용해 수치로 나타낸 것이다. 하지만 불쾌감을 느끼는 정도는 사람마다 다를 수 있어서 최근에는 온습도 지수로 부르기를 권장하고 있다.

용어풀이

- 건구 온도: 공기의 온도
- 습구 온도: 물에 젖은 거즈로 감싼 온도계의 온도로, 습도를 구할 때 필요하다.

1 다음은 불쾌지수를 구하는 방법이다. 불쾌지수를 구하는 식을 만들어 보시오.

힌트

> 불쾌지수는 건구 온도와 습구 온도의 합에 0.72를 곱한 후 40.6을 더한 값이다.

STEAM 2 체감온도는 덥거나 춥다고 느끼는 정도를 나타낸 온도로 느낌온도라고도 하며, 불쾌지수는 대표적인 체감온도의 하나이다. 불쾌지수와 같이 체감온도에 영향을 주는 요인을 5가지 쓰시오.

07 스피드 스케이팅

정답 및 해설 05쪽

얼음 위에서 가장 빠른 사람을 결정하는 **스피드 스케이팅**은 1초를 100으로 나눈 시간인 0.01초에 의해 순위가 정해진다. 스피드 스케이팅과 같이 기록을 겨루는 종목은 대부분 소수로 기록을 측정한다. 소치 동계 올림픽 스피드 스케이팅 여자 2×500 m 종목에서 금메달을 받은 이상화 선수의 경우, 1차 경기에서는 2위 선수와 단 0.15초밖에 차이가 나지 않았다. 이상화 선수는 1차 경기에서 37초 42와 2차 경기에서 37초 28을 기록해 그때 당시 올림픽 신기록으로 금메달을 목에 걸었다. 이로써 이상화 선수는 2010년 밴쿠버 동계 올림픽에 이어 2회 연속 1위를 기록한 선수가 되었다.

 용어풀이

- **스피드 스케이팅**: 스피드 스케이트를 신고 얼음판 위에서 속도를 겨루는 경기

소치 동계 올림픽까지 올림픽 스피드 스케이팅 500 m 경기는 1차 경기 기록과 2차 경기 기록을 합하여 순위를 정했다. 소치 동계 올림픽 여자 500 m 경기에서 이상화 선수의 최종 기록(1차와 2차 경기 기록의 합)을 계산하시오.

 마라톤 경기 기록은 일의 자리까지, 스피드 스케이팅이나 육상 100 m 달리기의 기록은 소수 둘째 자리까지 사용해 나타낸다. 경기 종목마다 기록을 표현하는 자릿수가 다른 이유를 서술하시오.

[올림픽 남자 마라톤 기록]

순위	선수	기록
1	A	2시간 8분 44초
2	B	2시간 9분 54초
3	C	2시간 10분 5초

[올림픽 남자 100m 달리기 기록]

순위	선수	기록
1	A	9초 81
2	B	9초 89
3	C	9초 91

08 팔만대장경의 글자 수

정답 및 해설 05쪽

거란이 고려에 두 번째 쳐들어왔을 때, 당시 왕이었던 현종은 전라남도 나주까지 피난 간 후 초조대장경을 만들었다. 대장경이란 부처의 가르침이 담긴 불경을 모두 모아 집대성한 것이다. 초조대장경을 만든 지 얼마 지나지 않아 거란족이 화해를 청해오자 사람들은 부처의 도움으로 평화가 찾아왔다고 믿게 되었다. 이후 몽골의 침입으로 대구 부인사에 보관하고 있던 초조대장경은 불에 타버리고 고려는 큰 위기를 맞게 된다. 민심을 모으고 부처의 힘으로 몽골군을 물리쳐 다시 한번 나라를 구하려는 소망을 담아 강화도에서 팔만대장경을 만들기 시작했다. 총 81258개의 **목판**에 새겨진 팔만대장경은 현재 경남 합천의 해인사에 보관 중이다.

용어풀이

- **거란**: 10세기 초반부터 약 200년간 만주와 중국 대륙의 북쪽에 있던 나라
- **목판**: 나무로 만든 판

1 팔만대장경의 목판 한쪽 면에는 한 줄에 14자씩 23줄의 글자가 새길 수 있으며, 목판의 양면에 같은 수의 글자를 새길 수 있다. 팔만대장경을 이루는 1개의 목판에는 약 몇 개의 글자가 새겨져 있을지 계산하시오.

STEAM 2 팔만대장경을 이루는 목판의 개수는 모두 81258개이다. 팔만대장경에 새겨져 있는 글자 수는 약 몇 개인지 계산하시오.

 **비밀번호**

정답 및 해설 06쪽

얼마 전에 이사한 이나는 아직도 현관문을 열 때마다 고민한다. 새로운 비밀번호가 익숙하지 않기 때문이다. 그렇다고 누구나 쉽게 알 수 있는 간단한 비밀번호로 바꾸기에는 너무 위험하다. 비밀번호는 어떻게 정하는 것이 좋을까?

비밀번호는 E-mail을 확인할 때, 집에 들어갈 때, 스마트폰을 사용할 때와 같이 우리가 기본적으로 사용하는 **보안** 수단으로, 쉽게 기억할 수 있어야 한다. 하지만 누구나 알 수 있는 것으로 정하는 것은 매우 위험하다. 인터넷 보안업체에서 2022년 해킹당한 최악의 비밀번호 25가지를 발표했는데 1위를 차지한 비밀번호는 PASSWORD이었고 2위는 123456이었다. 이 두 비밀번호는 지난 몇 년 동안 1위, 2위를 번갈아가며 하고 있다.

- 보안: 안전을 유지하는 것

1 안전한 비밀번호를 만드는 방법을 3가지 서술하시오.

STEAM

2 자신만의 안전한 비밀번호를 만들고, 그 원리나 이유를 설명하시오.

10 가장 높은 건물

정답 및 해설 06쪽

엄청 높다~!!!

우리나라에서 가장 높은 건물은 2015년에 완공된 123층의 높이 554 m '롯데월드타워'이다.
그렇다면 세계에서 가장 높은 건물은 무엇일까? 828 m의 높이를 자랑하는 두바이의 '부르즈 할리파'이다. 이 건물은 한국, 벨기에, UAE 등의 여러 나라의 기술과 자본이 합쳐져서 만들어진 건물로 '세계 최고, 세계 최대, 세계 최장' 등의 신기록을 보유하고 있다. 부르즈 할리파에 설치된 엘리베이터 중에서 전망대인 124층을 오르내리는 엘리베이터는 세계에서 가장 빠른 엘리베이터로, 124층을 올라가는 데 단 48초밖에 걸리지 않는다고 한다.

• UAE: 아랍에미리트, 아라비아 반도에 위치한 나라

1 부르즈 할리파의 전망대로 가는 엘리베이터는 2개의 층을 올라가는 데 약 1초가 걸린다. 이 엘리베이터로 주차장인 지하 2층에서 맨 꼭대기 층인 163층까지 올라가는 데 몇 분 몇 초가 걸리는지 계산하시오.

STEAM 2 엘리베이터와 같이 어떤 물체가 일정한 빠르기로 직선 운동 하는 것을 등속 직선 운동이라 한다. 우리 주변에 등속 직선 운동을 하는 예를 찾아 3가지 쓰시오.

II

도형

돌담은 자연석으로만 쌓은 담장으로 공기가 잘 통하고 물이 잘 빠져 겨울철 동결에 의한 변형이 잘 일어나지 않는 담장이다. 예전에는 대부분 주변에서 돌을 주워 돌담을 만들었으나 1970년대 새마을 사업으로 많이 없어져 지금은 돌담을 거의 찾아볼 수 없다.

그러나 아직 제주도에는 어딜 가든 쉽게 돌담을 볼 수 있다. 밭이나 집, 무덤 등이 돌담으로 둘러싸여 있다. 제주도 사람들은 주변의 많은 돌로 담을 쌓아 바람의 피해를 막고 땅의 경계를 나눴다. 화산섬인 제주도는 곡식을 생산할 수 있는 논과 밭이 많지 않았고, 땅을 둘러싼 다툼이 잦았다. 돌담을 쌓아 땅의 경계를 정하니 땅의 경계로 인한 다툼이 줄었다고 한다.

용어풀이

• 동결: 추위나 냉각으로 얼어붙음

1 다음 돌담의 모습을 보고 찾을 수 있는 수학적 원리를 5가지 쓰시오.

STEAM 2 도형을 이용해 빈틈이나 겹침없이 평면이나 공간을 가득 채우는 것을 테셀레이션(쪽매 맞춤)이라 한다. 우리 주변에서 찾을 수 있는 테셀레이션을 3가지 쓰시오.

 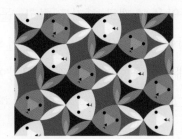 

정답 및 해설 07쪽

한 도시를 구성하는 매우 작은 공공시설물 중의 하나로 맨홀 뚜껑이 있다. 최근 도시의 구석구석을 의미 있게 변화시킬 수 있는 특색 있는 맨홀 뚜껑 디자인이 여러 가지 개발되었다. 우리 고유 문자인 한글을 소재로 하거나 농악을 소재로 하기도 하고, 돌고래 모양을 음각한 디자인 등은 맨홀 뚜껑도 호기심과 감상의 대상이 될 수 있다는 새로운 인식을 심어주고 있다. 2000년 초반까지만 해도 맨홀 뚜껑 디자인은 대부분 원형이나 사각형 모양에 기능적으로 필요한 최소한의 모양 등을 단순히 결합한 정도였다. 그러나 2000년 후반부터는 현대적인 디자인 요소가 결합돼 세련된 모습을 보여주고 있다고 한다.

• 음각: 조각과 판화에서 나타내고자 하는 부분을 바탕면보다 깊이 새겨 표현하는 기법

1 맨홀뿐만 아니라 자동차 바퀴나 핸들, 훌라후프와 같이 다양한 곳에서 원을 찾을 수 있다. 우리 주변에서 원이 사용된 물건 3가지를 찾고, 원 모양으로 만들어서 좋은 점을 서술하시오.

STEAM 2 맨홀(Manhole)은 '사람 구멍'이라는 뜻으로 지하에 묻혀 있는 수도관이나 하수관, 가스관, 전화선, 전기선 등을 검사, 수리, 청소하기 위해 사람이 내려갈 수 있도록 만든 통로이다. 세계 어느 나라에 가더라도 맨홀은 대부분 원형이다. 맨홀의 모양이 원형인 이유를 3가지 서술하시오.

정답 및 해설 08쪽

지구는 자전축을 중심으로 서쪽에서 동쪽으로 계속 돌고 있으며, 한 바퀴 도는 데 약 24시간이 걸린다. 이러한 운동을 **지구의 자전**이라 한다. 지구가 도는 속도는 매우 빠르다. 적도에 있는 사람은 한 시간에 1700 km로 달리고 있는 것과 같고, 우리나라에 있는 사람은 한 시간에 1337 km의 속도로 달리는 것과 같다. 이는 비행기보다 빠른 속도이다. 그러나 우리는 지구가 움직이는 것을 느끼지 못한다. 산, 바다, 주변 건물, 공기까지 모두 함께 움직이기 때문이다. 지구에서 태양을 향하는 쪽은 낮이 되고, 반대쪽은 밤이 된다. 지구가 자전을 하기 때문에 낮과 밤이 매일 반복된다. 또한, 지구의 자전에 의해 태양, 달, 별 등이 동쪽에서 서쪽으로 하루에 한 바퀴씩 도는 것처럼 보인다. 우리는 태양이 남쪽 하늘 가장 높은 곳에 떴다가 다시 남쪽 하늘 가장 높은 곳에 뜨기까지 걸리는 시간을 하루라 하고, 현재 하루는 약 24시간이다.

 용어풀이

- **지구의 자전**: 지구가 자전축을 중심으로 약 24시간에 한 번씩 스스로 회전하는 것

1 하루 중 12시부터 3시까지 시계의 시침과 분침이 직각을 이루는 것은 몇 번인지 쓰시오.

STEAM

2 지구가 자전하지 않으면 어떤 일이 일어날지 서술하시오.

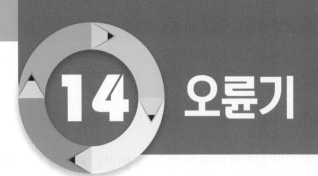 **14 오륜기**

정답 및 해설 08쪽

오륜기는 올림픽을 상징하는 깃발로, 5가지 색의 동그라미를 이용해 그린 것이다. 1914년에 피에르 드 쿠베르탱(Pierre de Coubertin)에 의해 창안되어, 1920년 벨기에 앤트워프 올림픽 때부터 사용되었다. 흰 바탕에 파란색, 노란색, 검정색, 초록색, 빨간색의 오색 고리가 서로 얽혀 있는 형태로, 지금은 누구나 그 모양을 보면 올림픽을 떠올릴 정도로 유명한 모양이 되었다. 오륜기는 올림픽 경기장 내 또는 그 주위에 참가국 국기들과 함께 게양되며, 개회식과 폐회식에 사용되는 큰 오륜기는 사용 후 다음 올림픽이 열리는 도시의 시장에게 전달되고, 다음 올림픽이 열릴 때까지 시청에 보관된다.

▲ 오륜기

 **용어풀이**

• **오륜기**: 5가지 색의 동그라미가 그려져 있는 깃발, 올림픽 기

1 오륜기를 직접 그려보려고 한다. 오륜기를 그리는 방법을 서술하시오.

STEAM
2 오륜기는 왜 5개의 원을 서로 다른 색으로 표현했는지 그 이유를 서술하시오.

 **볼링 경기**

정답 및 해설 09쪽

볼링은 공을 굴려 약 20 m 앞에 세워 둔 10개의 핀을 쓰러뜨리는 경기이다. 볼링 1게임은 10프레임(frame)으로 구성되어 있으며, 각 프레임은 2번까지 공을 굴릴 수 있다. 한 번에 모든 핀을 쓰러뜨리는 것을 스트라이크(strike)라 하고, 첫 번째 공을 굴린 후 쓰러지지 않은 핀을 '스페어(spare)'라 한다. 이때 남은 핀들이 띄엄띄엄 서 있는 것은 '스플릿(split)'이라 한다. 10프레임까지 마치고 얻을 수 있는 최고 점수는 300점이며 다른 운동경기보다 기술에 의해 승부가 결정되는 경우가 많으므로 여성이나 학생들도 재미있게 즐길 수 있는 스포츠다.

 **용어풀이**

- 스페어(spare): 볼링 경기에서 첫 번째 공을 굴렸을 때 다 못 쓰러뜨리고 남은 핀
- 스플릿(split): 볼링 경기에서 핀이 띄엄띄엄 남아 있는 것

1 볼링핀이 다음 그림과 같이 정삼각형 모양으로 배열되어 있다. 첫 번째 공을 굴리고 남은 핀 7-9-6을 순서대로 이어 생기는 각은 예각, 직각, 둔각 중 무엇인지 판별하시오.

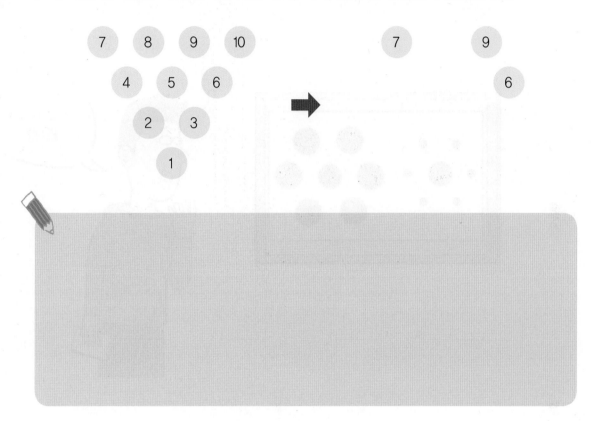

STEAM 2 볼링핀이 잘 쓰러지도록 세우려고 한다. 어떤 모양으로 세우는 것이 좋을지 서술하시오.

16 착시 현상

정답 및 해설 09쪽

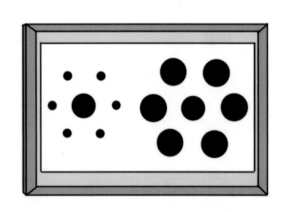

이게 크기가 같다고?

왼쪽 가운데 있는 원과 오른쪽 가운데 있는 원 중 어느 것이 더 클까? 왼쪽 가운데 있는 원이 더 커 보이지만 사실은 두 원의 크기는 같다.

또, 제주도의 도깨비 도로에서는 내리막길에 세워둔 자동차가 내리막길을 거슬러 올라간다.

크기가 같은 두 원인데 상황에 따라 크기가 달라 보이고 도깨비 도로가 내리막길처럼 보이는 것은 착시 때문이다. 착시는 사물의 크기, 형태, 빛깔 등의 객관적인 성질과 눈으로 본 성질 사이에 차이가 있는 경우에 생기는 착각이다. 착시의 종류에는 기하학적 착시, 원근에 의한 착시, 밝기나 빛깔에 의한 착시 등이 있다. 도깨비 도로처럼 주변 배경에 의해 실제와 다르게 보이거나 영화처럼 조금씩 다른 정지한 영상을 연속적으로 보면 연속적인 운동으로 보이는 것도 착시의 한 종류이다.

▲ 착시

용어풀이

- 원근: 멀고 가까움

1 다음 그림을 보고 그림의 특이한 점을 찾아 서술하시오.

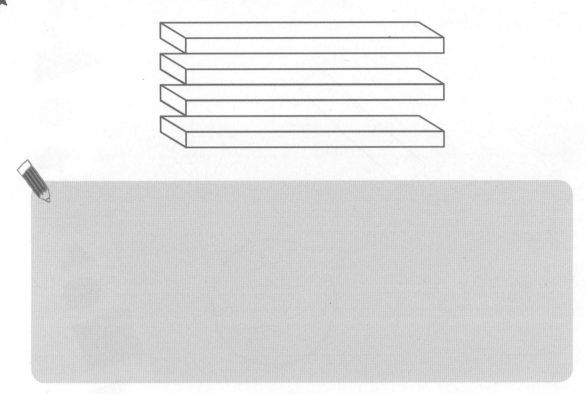

STEAM 2 우리 주변에서 찾을 수 있는 착시 현상을 찾아 3가지 쓰시오.

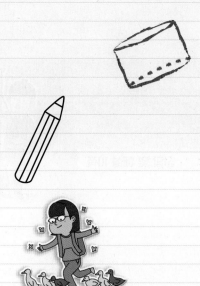

Ⅲ
측정

17 물건 사기

정답 및 해설 10쪽

아빠는 동생과 사이좋게 지낸 요섭이에게 10000원의 용돈을 주시며 말씀하셨다.

"동생과 사이좋게 지낸 상으로 주는 용돈이니까 동생과 함께 먹고 싶은 것을 사 먹으렴."

요섭이는 동생과 함께 슈퍼마켓에 가서 원하는 물건을 각각 5000원 이내로 골라 사려고 한다. 물건을 고르던 요섭이는 다양한 물건의 가격을 보며 이 물건들을 5000원으로 모두 살 수 있을지 궁금했다. 물건값을 쉽게 계산하는 방법을 찾아보자.

- **올림**: 구하려는 자리의 아래 수를 올려서 나타내는 방법
- **버림**: 구하려는 자리의 아래 수를 버려서 나타내는 방법
- **반올림**: 구하려는 바로 아래 자리의 숫자가 0, 1, 2, 3, 4이면 버리고, 5, 6, 7, 8, 9이면 올리는 방법

1 다음은 요섭이가 고른 물건들의 가격이다. 물건들의 가격을 올림, 버림, 반올림하여 백의 자리까지 나타내시오.

구분	비스킷	사탕	음료수
가격(원)	2010	960	2140
올림한 가격(원)			
버림한 가격(원)			
반올림한 가격(원)			

2 정해진 돈으로 살 수 있는 물건의 가격을 어림할 때 올림, 버림, 반올림 중 어떤 방법을 이용해야 하는지 쓰고, 그 이유를 서술하시오.

18 수학적인 대통령

정답 및 해설 10쪽

반올림은 구하려는 자리의 바로 아래 자리의 숫자가 5보다 작을 때는 버리고, 5와 같거나 5보다 클 때는 올리는 방법을 말한다. 예를 들어 54387을 반올림하여 백의 자리까지 나타낼 때, 수 54387에서 구하려는 자리의 바로 아래 자리의 숫자가 8이므로 그 수를 10으로 어림하면 54400이다. 반올림은 이승만 대통령 시절의 역사적 사건 때문에 더욱 유명해졌다. 1954년 국회는 이승만 대통령의 종신집권을 가능하게 하는 헌법 개정안을 놓고 표결을 벌였다. 법안이 통과되려면 의원 203명 중에서 $\frac{2}{3}$(135.33⋯)에 해당하는 찬성표가 나와야 했다. 그러나 개표 결과 찬성은 135표에 불과했다. 이에 따라 국회부의장은 부결을 선포했으나, 당시 집권당인 자유당은 반올림을 사용하여 가결된 것으로 정정 선포했다. 반올림의 원리가 악용되면서 역사의 흐름까지 바꿔버린 사례이다.

용어풀이

• 가결: 회의에서 제출된 의안을 합당하다고 결정함

1 1954년 이승만 대통령의 종신 집권 헌법 개정안은 203명 중 135표를 얻고 가결되었다. 당시 자유당이 가결시킨 논리를 서술하시오.

STEAM

2 어느 선거에 참여한 사람 수를 십의 자리에서 반올림하여 나타내면 73500명이다. 선거에 참여한 사람의 수를 이상과 이하를 사용하여 나타내시오.

힌트

· ■ 이상의 수: ■보다 크거나 같은 수

· ▲ 이하의 수: ▲보다 작거나 같은 수

19 타임캡슐

정답 및 해설 11쪽

피라미드나 고대 왕의 묘가 수천 년 전의 문화를 오늘날에 전해주는 역할을 한 것처럼 후세에 남길 자료를 넣어 지하 등에 묻어 두기 위한 용기를 '타임캡슐'이라 한다. 타임캡슐은 현대의 문명과 생활을 미래를 위해 보존할 목적으로 고안된 것으로, 최근에는 자신이 중요하게 생각하는 물건이나 미래의 자신에게 보내는 편지 등을 넣어둔 뒤 일정 기간이 지난 후 꺼내어 보는 용도로도 사용된다.

최초의 타임캡슐은 1939년 뉴욕 만국박람회 때 웨스팅하우스일렉트릭이 출품한 길이 2.3 m, 굵기 15 cm인 원기둥 모양으로, 각종 일용품, 금속, 화학섬유, 공업재료, 곡물, 서적, 백과사전, 사전, 그림, 신문 등의 마이크로 필름과 뉴스, 영화 등을 넣었다. 이것은 서기 6939년에 개봉될 예정이다. 1994년에는 서울 6백 년 기념사업의 하나로, 서울 1천 년인 2394년 11월 29일에 개봉될 타임캡슐을 서울 중구 필동에 묻었다.

 용어풀이

• 마이크로 필름: 문서, 도면 등과 같은 기록물을 아주 작게 축소하여 촬영한 필름

1 동완이는 2019년 6월 10일에 타임캡슐을 묻고 2124일 후에 열어보려고 한다. 동완이가 타임캡슐을 열어보는 날짜를 구하시오.

STEAM 2 20년 후 열어볼 타임캡슐에 넣고 싶은 물건을 2가지 쓰고, 그 이유를 서술하시오.

20 비행기 도착 시각은?

정답 및 해설 11쪽

오늘은 세진이 아버지께서 캐나다 출장에서 돌아오시는 날이다. 공항으로 아버지 마중을 나가기로 한 세진이는 아버지의 도착 시각을 알고 싶어 아버지께 출발 시각을 여쭈어보았다. 출발 시각을 알려주신 아버지는 캐나다와 우리나라 사이에는 시차가 있으니 도착 시각을 잘 계산해 공항으로 마중 나오라고 이야기하셨다. 세진이 아버지의 도착 시각을 알아보자.

 용어풀이

• 시차: 세계 각 지역의 시각 차이

1 캐나다 토론토는 우리나라보다 13시간 느린 시각을 사용하고, 비행기를 타고 토론토에서 인천까지 오는 데 걸리는 시간은 14시간이다. 토론토에서 12일 오후 1시 30분에 출발한 세진이 아버지가 인천 국제 공항에 도착하는 시각을 구하시오.

STEAM **2** 우리나라는 모두 같은 시각을 사용하지만 캐나다의 경우 토론토와 밴쿠버는 서로 다른 시각을 사용한다. 그 이유를 서술하시오.

미국 보스턴과 케임브리지 지역을 잇는 하버드 다리(Harvard Bridge)는 Smoot란 길이 단위로도 유명해서 스모트 다리(Smoot Bridge)라고도 불린다. 1958년 10월 어느 날 밤, 보스턴 시내와 케임브리지 지역을 잇는 하버드 다리에 스모트(Oliver R. Smoot)와 그의 친구들이 나타났다. 스모트가 다리 위에서 수없이 누웠다 일어나기를 반복하는 동안 친구들은 페인트로 바닥에 금을 그어 가며 표시했다. 이들은 MIT 학생들로 다리 길이가 얼마나 되는지를 일행 중 키가 가장 작은 스모트(1 m 70 cm)의 몸으로 재보기로 한 것이었다. 10 Smoot마다 페인트로 표시하며 측량한 결과 다리의 길이는 '364.4 Smoot+one ear'였다고 한다.

스모트와 친구들이 표시한 다리의 Smoot 표시는 이들이 졸업한 후에도 후배들에 의해 계속 덧칠되면서 MIT 문화의 상징이 되었다. 80년대 말 다리를 보수 공사했지만, 보스턴 시는 Smoot 표시를 남겨두고, 다리의 보도의 폭을 1 Smoot로 바꾸기까지 했다.

▲ Smoot

 용어풀이

• MIT: 미국 매사추세츠에 위치한 공과 대학. 하버드 대학과 함께 미국을 대표하는 대학

1 Smoot의 키는 약 170 cm로 Smoot 단위의 기준이 된다. 65 Smoot의 길이는 몇 m 몇 cm 인지 계산하시오.

STEAM

2 하버드 다리 끝에는 다음과 같이 '364.4 Smoots+1 ear'이라고 표시되어 있다. 이 표시의 의미를 서술하시오.

22 제한 속도의 범위

정답 및 해설 12쪽

고속 도로, 학교 앞 도로 등 차량의 속도를 제한할 필요가 있는 곳에는 최고 속도 제한을 나타내는 표지판이 있다. 과속은 교통사고가 발생하는 많은 원인 중 하나다. 과속으로 인한 사고는 중상이나 사망에까지 이르게 되기 때문에 과속을 막기 위해 도로의 곳곳에 최고 속도 제한을 나타내는 표지판을 설치한다. 이 외에도 교통사고가 자주 발행하는 곳의 위험을 알리기 위한 표지판을 설치하거나 과속 단속 카메라를 설치해 과속을 막기도 한다. 운전자가 제한 속도를 20 km/h 초과하여 운행하다 사고를 냈을 경우는 교통사고 처리 특례법상 중요 위반 행위에 해당하므로 가중처벌을 받는다. 또한, 제한 속도 위반 시 제한 속도보다 얼마나 빨리 달렸는지에 따라 부과되는 벌금도 달라진다.

• 제한 속도: 자동차와 같은 교통수단에 정해져 있는 최고 또는 최저 속도

1 제한 속도 위반 시 제한 속도보다 얼마나 빨리 달렸는지에 따라 부과되는 벌금은 다음과 같다. 제한 속도가 90 km/h인 도로에서 승용차가 130 km/h로 달렸다면 부과되는 벌금은 얼마인지 구하시오.

제한 속도 위반 범위	승용차 벌금(원)
20 km/h 이하	30000
20 km/h 초과 40 km/h 이하	60000
40 km/h 초과 60 km/h 이하	90000
60 km/h 초과	120000

STEAM 2 최근 조사에 따르면 교통사고 발생 건수는 점점 줄어드는 추세이지만, 아직도 매년 5000명에 가까운 사람들이 교통사고로 목숨을 잃는 것으로 나타났다. 교통사고를 줄이기 위해 과속을 방지할 수 있는 아이디어를 5가지 서술하시오.

 **고인돌 왕국**

정답 및 해설 13쪽

청동기 시대의 대표적인 유적인 **고인돌**은 큰 돌을 몇 개 세우고 그 위에 넓적한 돌을 덮어 놓은 것이다. 고인돌의 생김새는 지역에 따라 다양하므로 돌의 위치나 형식에 따라 구분해 여러 가지 이름으로 불리기도 한다. 우리나라에는 전 세계 고인돌의 약 40 %가 모여 있어 고인돌의 왕국이라 해도 과언이 아니다. 주로 호남 지방에서 많은 고인돌을 찾아볼 수 있는데 이미 발견된 것만 약 2만여 개에 이른다. 전라북도 고창군에는 1 km 894 m의 범위에 452개의 고인돌이 있고, 전라남도 화순군에는 9 km 109 m의 범위에 582개의 고인돌이 있다. 고인돌을 통해 청동기 시대 한반도에서 살았던 우리 조상들의 뛰어난 토목기술을 확인할 수 있다.

▲ 고인돌

 **용어풀이**

• **고인돌**: 청동기시대의 대표적인 무덤 양식. 지석묘라고도 부른다.

1 고인돌을 만드는 데 사용된 3개의 돌의 무게는 각각 1578 kg, 2 t 28 kg, 987000 g이다. 이 고인돌 전체의 무게는 몇 t 몇 kg인지 구하시오.

STEAM 2 고인돌은 청동기 시대 사람들의 무덤이다. 청동기 시대에 무덤을 고인돌로 만든 이유를 서술하시오.

24 해운대 인파는 몇 명?

정답 및 해설 13쪽

"연일 섭씨 30 ℃를 웃도는 무더위가 계속되고 있는 요즘, 주말을 맞이하여 부산 해운대 해수욕장에 60만 명의 인파가 몰려 막바지 피서를 즐기고 있다."

매년 한여름 휴가철이 되면 뉴스에서 흘러나오는 기사 내용이다. 해수욕장에 모인 인파가 60만 명이라는 것은 어떻게 알 수 있을까? 해운대의 피서 인파와 같이 많은 사람의 수를 헤아리는 데에는 '페르미 추정법'이라는 방법이 사용된다. 이 방법은 노벨 물리학상 수상자인 이탈리아의 물리학자 엔리코 페르미가 학생들의 사고력을 측정하기 위해 도입한 방법으로 한 번에 파악하기 힘든 숫자를 어림할 때 사용하는 방법이다. 이 방법은 피서 인파뿐만 아니라 집회나 응원을 위해 모인 사람들의 수를 추산할 때에도 사용된다.

▲ 해운대 인파

 용어풀이

• 추산: 짐작으로 미루어 셈하는 것

1 바닥에 400개의 정사각형 모양이 그려진 광장에 사람들이 가득 있다. 광장의 절반에는 사람들이 앉아 있고 나머지 절반에는 사람들이 서 있다. 정사각형 모양 1칸에는 4명의 사람이 앉을 수 있고 6명이 서 있을 수 있다고 할 때, 광장에 모인 사람 수를 구하시오.

STEAM

2 하루 동안 해운대 해수욕장에 모인 인파를 예측하기 위해 알아야 할 조건을 서술하시오.

IV

규칙성

정답 및 해설 14쪽

한 마리

두 마리

레오나르도 피보나치는 이탈리아의 피사에서 태어난 수학자이다. 어린 시절 아버지를 따라 알제리에서 살게 되었으며 이후 이집트, 시리아, 그리스, **시칠리아** 등의 여러 나라를 여행하며 아라비아의 발전된 수학을 두루 섭렵했다. 그는 당시 유럽에서 사용하던 로마 숫자보다 지금 사용되고 있는 인도−아라비아 숫자로 수학을 하는 것이 훨씬 효과적이라는 사실을 깨닫고 자신이 가진 수학적 지식을 집대성한 책을 출판했다. 이로 인해 유럽에 인도−아라비아 숫자가 보급되었다. 그가 출판한 '산반서'라는 책에는 독특한 방법으로 토끼의 마리 수를 구하는 문제가 소개되어 있다.

▲ 피보나치수열

 **용어풀이**

• **시칠리아**: 이탈리아 서남단에 있는 지중해 최대의 섬. 무역과 문화가 발달했다.

1 다음 <보기>는 피보나치 수열로 알려진 수열이다. 수들이 나열된 규칙을 찾고, ?에 들어갈 수를 구하시오.

보기

1 1 2 3 5 8 13 ?

STEAM 2 다음 <설명>은 피보나치의 저서 '산반서'에 소개된 토끼의 수를 구하는 문제이다. 8개월 후의 토끼의 수를 구하시오.

설명

한 쌍의 어른 토끼가 있다. 한 쌍의 어른 토끼는 매달 한 쌍의 새끼 토끼를 낳고, 태어난 한 쌍의 새끼 토끼는 한 달이 지나면 어른 토끼가 되어 역시 매달 한 쌍의 새끼 토끼를 낳는다.

이나는 평소 달력을 보며 왜 일주일이 7일인지 궁금했다. 만약 '일주일이 5일이라면 5일마다 주말이 돌아오게 되어 학교에 많이 가지 않아도 되고 더 놀 수 있지 않을까?'라는 생각을 한 적도 있다. 이나의 고민을 듣던 요섭이는 이나에게 새로운 달력을 만들어 보라고 제안을 했다. 이나는 새로운 달력을 만들 수 있을까?

▲ 달력 속 수학

 용어풀이

· 일주일: 일, 월, 화, 수, 목, 금, 토로 이루어진 한 주일. 칠 일.

1 다음 달력에서 찾을 수 있는 규칙성을 5가지 서술하시오.

STEAM
2 달력을 만들 때 고려해야 할 점을 3가지 서술하시오.

27 파스칼의 삼각형

정답 및 해설 15쪽

파스칼의 삼각형은 프랑스의 수학자 파스칼의 이름을 딴 것으로 자연수를 삼각형의 모양으로 배열한 수열이다. 파스칼의 삼각형은 중국인에 의해 만들어졌으나 파스칼에 의해 체계적인 이론이 만들어졌다. 또, 그 수의 배열이 삼각형 모양이어서 파스칼의 삼각형이라 불리게 되었다. 파스칼의 삼각형의 흥미로운 성질을 찾아보자.

• **파스칼**: 프랑스의 수학자, 물리학자, 발명가, 철학자, 신학자

1 파스칼의 삼각형을 만드는 방법을 서술하시오.

2 파스칼의 삼각형에서 찾을 수 있는 수학적 원리를 5가지 서술하시오.

정답 및 해설 15쪽

버스는 한꺼번에 많은 사람이 타는 대형 자동차로, 우리나라에서는 11명 이상이 탈 수 있는 자동차를 의미한다. 버스는 사용 목적에 따라 시내버스와 같은 **노선버스**, 장거리를 이동하는 고속버스, 관광용의 관광버스 등이 있으며 회사나 공공기관, 학교나 유치원, 어린이집의 자가용 버스로 나눌 수 있다. 우리가 흔히 보는 시내버스는 출발 지점과 도착 지점이 정해진 노선을 이동하는 노선버스이다. 우리나라에서는 일제강점기 때 처음 노선버스가 운행되기 시작했으며 지금까지 가장 많은 사람의 발이 되어주는 이동수단이다.

 용어풀이

• 노선버스: 출발 지점과 도착 지점이 정해진 노선을 이동하는 버스

1 시청 앞 버스 정류장에서 1번 버스는 매시 정각에 출발한 후 6분 간격으로 운행하고, 2번 버스는 매시 정각에 출발한 후 15분 간격으로 운행한다. 1시 정각에 1번 버스와 2번 버스가 동시에 출발한 후 1시간 동안 1번 버스와 2번 버스가 각각 몇 번씩 출발하는지 구하시오.

STEAM 2 시청 앞 버스 정류장에서 1시간 동안 1번 버스와 2번 버스가 동시에 출발하는 횟수를 구하시오.

정답 및 해설 16쪽

요즘은 스마트폰으로 메시지를 보내는 것이 아주 흔한 일이다. 전화통화보다 간단하게 자신의 의사를 전하거나 대화를 나눌 수 있다. 오늘날 우리나라 사람들이 가장 많이 사용하는 의사소통 수단일지 모른다. 스마트폰의 경우 컴퓨터 키보드와 같은 방법으로 내용을 입력할 수도 있고, 다이얼 패드에 그려진 특별한 약속에 따라 내용을 입력하는 경우도 있다. 스마트폰의 다이얼 패드에 그려진 특별한 약속에 따라 원하는 내용을 입력해 보자.

 용어풀이

• 다이얼 패드 : 스마트폰의 번호나 문자를 누를 수 있게 만들어진 부분

1 다음은 스마트폰의 다이얼 패드의 모습이다. <보기>의 숫자대로 다이얼 패드의 숫자를 순서대로 누르면 어떤 영어 단어가 만들어지는지 구하시오.

보기

숫자를 누르면 숫자 옆의 알파벳이 입력된다. 예를 들면 숫자 2를 2번 누르면 숫자 2 옆의 두 번째 알파벳인 B가 입력된다.

누르는 숫자 : 7777 88 66

STEAM

2 **1**의 다이얼 패드로 'MATH'를 입력하기 위해서는 어떤 숫자를 몇 번 순서대로 눌러야 하는지 서술하시오.

정답 및 해설 16쪽

장군총은 압록강 유역 중국 길림성 지방에 위치한 대표적인 돌무덤으로, 5세기 초에 만들어진 고구려의 광개토 대왕이나 장수왕의 무덤으로 추정된다. 잘 다듬은 화강암으로 계단을 쌓아 7층을 올렸다. 밑바닥은 정사각형으로 한 변의 길이는 34 m, 높이는 13 m이다. 제1층인 기초 부분에는 4줄, 제2층부터는 3줄씩 돌을 포개어 쌓았는데, 위로 올라가면서 일정한 비율로 좁아진다. 맨 위에는 1.3 m 정도의 높이로 강돌과 회를 섞어 둥그스름하게 쌓아 마무리했고, 기둥구멍 틀이 있고 기왓조각들이 널려 있는 것으로 보아 무덤 맨 위에는 지붕을 씌웠던 것으로 보인다.

▲ 장군총

 **용어풀이**

• **장군총**: 중국 길림성 집안시에 있는 고구려 때의 돌무덤

1 다음과 같은 규칙으로 쌓기나무를 놓았을 때, 쌓기나무의 개수가 늘어나는 규칙을 서술하고, 다섯 번째에 놓일 쌓기나무의 개수를 구하시오.

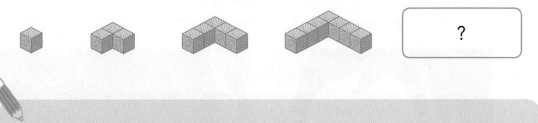

?

STEAM 2 다음 <설명>은 장군총의 모양에 대한 설명이다. 쌓기나무를 쌓아 장군총과 같은 모양을 만들려고 한다. 자신이 만들 장군총 모양에는 모두 몇 개의 쌓기나무 도막이 필요한지 서술하시오.

설명

화강암으로 계단을 쌓아 7층을 올렸다. 밑바닥은 정사각형으로, 한 변의 길이는 34 m, 높이는 13 m이다. 1층인 기초 부분에는 4줄, 2층부터는 3줄씩 돌을 포개어 쌓았는데, 위로 올라가면서 일정한 비율로 좁아진다.

정답 및 해설 17쪽

반려동물이 사람들의 정서에 긍정적인 영향을 준다는 사실은 잘 알려진 사실이다. 개나 고양이와 같은 반려동물을 키우기가 어렵다면 곤충을 키워보는 것은 어떨까? 곤충은 다른 반려동물보다 키우는 데 드는 공간이나 비용이 적게 든다. 또, 알에서 부화해 성충이 되기까지 곤충의 모습을 관찰하면 자연 생태도 자연스럽게 이해할 수 있다. 온도, 습도, 햇빛 등 환경 변화에 민감한 곤충을 잘 키우기 위해서는 세심한 관리가 필요하다. 이를 통해 관찰력과 집중력, 책임감 등을 기를 수 있다.

 용어풀이

• 반려동물: 사람이 정서적으로 의지하고자 가까이 두고 기르는 동물

1 세진이는 반려곤충으로 장수풍뎅이를 키우고 있다. 장수풍뎅이는 알, 애벌레, 번데기, 성충의 한살이를 거친다. 100개의 알은 약 80개의 애벌레가 되고 80개의 애벌레는 약 70개의 번데기가 된다고 할 때, 50개의 알은 몇 마리의 성충으로 자랄 수 있을지 예상하시오.

STEAM

2 반려곤충으로 장수풍뎅이를 많은 사람이 키운다. 장수풍뎅이는 곤충으로 분류하는데, 곤충의 특징을 3가지 서술하시오.

정답 및 해설 17쪽

가은이가 가진 작은 상자는 마법 상자이다. 상자 안에 어떤 수를 넣으면 일정한 규칙에 따라 다른 수로 바뀌어 나온다. 예를 들어 4를 넣어두면 잠시 후 0이 나오고, 10을 넣어두면 잠시 후 2가 나온다. 또, 7을 넣어두면 잠시 후 3이 나온다.

마법의 상자가 가진 규칙은 무엇일까?

그 규칙은 바로, 넣은 수를 4로 나누었을 때의 **나머지**가 나오는 것이다. 새로운 마법 상자의 규칙을 찾아보자.

 용어풀이

• **나머지**: 나눗셈에서 더 이상 나누어떨어지지 않고 남는 수

1 다음과 같이 어떤 수를 입력하면 다른 수로 바뀌어 나오는 상자가 있다. 상자에 9를 입력했을 때 결과를 서술하시오.

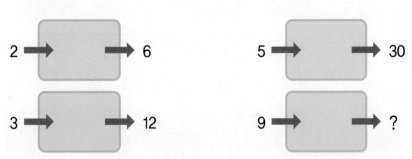

STEAM 2 **1**의 상자에서 결과로 56이 나왔다. 입력한 수는 무엇인지 서술하시오.

V

확률과 통계

33 가위바위보

정답 및 해설 18쪽

가위바위보는 지구상에서 가장 널리 사용되는 게임으로, 손을 가위 모양, 바위 모양, 보자기 모양을 만들어 승부를 겨루는 게임이다. 보는 바위를, 바위는 가위를, 가위는 보를 이긴다는 단순한 규칙 때문에 남녀노소 누구나 쉽게 배울 수 있고 즐길 수 있다. 하지만 게임에 승리하고, 승률을 높이기 위해서는 통계, 상황판단, 심리전, 기술(손놀림), 그리고 전략적 사고를 모두 필요로 한다. 가위바위보는 단순하면서도 높은 전략과 다양한 기술을 필요로 하는 매우 매력적인 전략게임이다.

▲ 가위바위보

• 전략게임: 머리를 써서 상대방을 이기는 게임

1 예은이과 진우가 가위바위보를 하고 있다. 두 사람이 가위바위보를 해서 나올 수 있는 모든 경우의 수를 구하시오.

STEAM

2 세계 가위바위보 협회에서는 가위바위보도 장기나 체스와 같이 기술과 심리전이 동원되는 고도의 게임이라 주장하며 승리의 비법을 공개하고 있다. 가위바위보를 이기기 위한 자신만의 필승 전략을 쓰고, 그 이유를 서술하시오.

34 반장의 조건

정답 및 해설 18쪽

반장 선거

반장은 반을 대표해 일하는 사람이다. 친구들과 사이좋게 지내는 친구, 공부를 잘하는 친구, 운동을 잘하고 활발한 친구, 어떤 친구가 반장이 되는지에 따라 선생님과 학생들의 학교생활이 달라지기도 한다.

대부분 반장은 선거를 통해 뽑는다. 어떤 친구가 반장이 되어야 할까? 여러분이 반장이 된다면 우리 반을 어떻게 이끌어갈 것인가? 반장과 대표가 가져야 할 덕목에는 어떤 것들이 있는지 생각해 보자.

▲ 경우의 수

 용어풀이

• 선거: 민주주의에서 대표를 뽑기 위해 실시하는 과정

1 은지네 반 학생 중 반장 1명, 부반장 1명, 총무 1명을 선출하려고 한다. 모두 A, B, C, D, E의 5명의 후보가 나왔을 때, 가능한 모든 경우의 수를 구하시오.

STEAM

2 멋진 반장이 되기 위한 조건을 5가지 서술하시오.

35 오늘 무엇을 먹을까?

정답 및 해설 19쪽

가은이는 맛있는 음식을 먹는 것을 좋아한다. 특히 식당에서 어떤 음식을 먹을 것인지 정하는 것은 가은이가 가장 좋아하는 일 중의 하나이다. 메뉴판의 음식을 보고 어떤 맛일지 먼저 상상해 본 후 먹을 음식을 정한다. 이때 자신이 정한 음식이 맛있을 때의 기쁨은 가은이가 가장 좋아하는 기분이다. 가족들과 식당에 간 가은이는 오늘도 메뉴판을 보며 고민하고 있다. 오늘은 무엇을 먹을까?

• 메뉴판: 음식점의 메뉴를 소개하는 표

1 분식집에 간 가은이는 <보기>의 튀김 중 서로 다른 종류의 튀김 3가지를 고르려고 한다.
가은이가 튀김 3가지를 선택하는 순서에 따른 모든 경우의 수를 구하시오.

[보기]

오징어 튀김	고구마 튀김	야채 튀김
김말이 튀김	만두 튀김	고추 튀김

STEAM

2 다음 <보기>의 메뉴 중 식사, 음료, 디저트를 각각 1가지씩 고르려고 한다. 가은이가 가진
식사비가 20000원이라 할 때, 선택 가능한 모든 경우의 수를 구하시오. (단, 거스름돈이 생
길 수 있다.)

[보기]

식사		음료		디저트	
스테이크	20000	오렌지 주스	4000	케이크	5000
돈가스	12000	콜라	3000	아이스크림	3000
스파게티	11000	사이다	3000		
리조또	8000				

정답 및 해설 19쪽

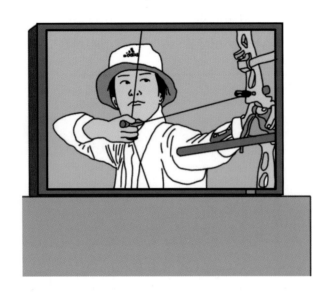

양궁 경기를 보던 은지는 양궁 경기가 **토너먼트전** 방식으로 진행된다는 설명을 듣고 토너먼트전 방식이 무엇인지 궁금해졌다. 은지가 알아본 결과 토너먼트전은 운동 경기 방식의 한 가지로, 경기의 승자끼리 승자전을 벌여 우승자를 결정하는 방법이다. 8강, 4강의 순서를 거쳐 결승을 치르는 경기가 바로 토너먼트전 방식이라 할 수 있다. 이 방법은 쉽게 우승팀을 가릴 수 있지만, 대진운에 따라 그 결과가 달라질 수 있는 단점이 있다.

 용어풀이

· **토너먼트전**: 이긴 사람이나 이긴 팀끼리 경기를 치루어 우승을 가리는 경기 방법

1 A, B, C, D, E, F, G, H의 8개 팀이 토너먼트전 방식으로 우승팀을 가리려고 한다. 대진표를 그리고, 우승팀을 가리기 위해 필요한 경기 수를 구하시오.

STEAM 2 4팀, 8팀, 16팀, 32팀이 각각 토너먼트전으로 승부를 가리려고 한다. 참가하는 팀의 수와 필요한 경기 수 사이의 규칙을 찾아 필요한 경기 수를 구하는 방법을 서술하시오.

정답 및 해설 20쪽

리그전(풀리그)은 대회에 참가한 모든 팀이 각각 돌아가면서 한 차례씩 경기를 치루어 그 성적에 따라 순위를 가리는 경기 방식이다. 참가한 팀 모두 평등하게 시합할 기회가 주어져 가장 성적이 좋은 팀에게 우승이 주어지는 장점이 있다. 하지만 팀 수가 많을 경우 순위를 결정하기까지 시간이 걸리고 동률이 나올 가능성이 많기 때문에 승률에서의 우선순위를 정하는 기준을 미리 규정해 놓아야 하는 단점이 있다.

 용어풀이

• 리그전: 모든 팀이 각각 한 차례씩 경기를 치루어 성적에 따라 순위를 가리는 경기 방식

1 A, B, C, D, E, F, G, H의 8개 팀이 리그전의 방식으로 우승팀을 가리려고 한다. 대진표를 그리고, 우승팀을 가리기 위해 필요한 경기 수를 구하시오.

STEAM

2 리그전으로 승부를 가리려고 한다. 참가하는 팀의 수와 필요한 경기 수 사이의 규칙을 찾아 필요한 경기 수를 구하는 방법을 서술하시오.

정답 및 해설 20쪽

승부를 가리는 방법에는 크게 토너먼트전과 리그전이 있다. 이 두 가지 방법으로 최종 우승자를 가려낼 수 있다. 우리 반 친구 중 꿀밤 **최강**을 가리려고 한다. 어떤 방법으로 우승자를 가리는 것이 좋을까? 토너먼트전과 리그전의 장점과 단점에 대해 생각해 보고 큰 부상 없이 우리 반 친구 중 꿀밤 최강을 가리는 방법을 결정해 보자.

 용어풀이

• **최강**: 가장 강함. 또는 그런 것

1 리그전과 토너먼트전의 장점과 단점을 각각 서술하시오.

STEAM

2 우리 반 꿀밤 최강을 뽑는 경기를 할 때, 리그전과 토너먼트전 중 어떤 방법으로 우승자를 가리는 것이 적절할지 고르고, 그 이유를 서술하시오.

39 다문화 가정의 학생 수

정답 및 해설 21쪽

1990년대 이후로 꾸준히 국제결혼이 이어지면서 한국 사회는 **다문화 가정**을 이루며 사는 다문화 사회로 접어 들었다. 이는 세계화에 따라 인구의 국가 간 이동이 활발해지면서 나타나는 현상으로 볼 수 있다. 최근 **통계청**의 인구조사 자료에 의하면 우리나라의 다문화 가정은 31만 8197가구 이다. 아시아 지역에서 일어나고 있는 '여성 인구 이주'의 흐름이 우리나라에도 영향을 미쳐 다문화 가정은 대부분 한국 남성과 외국 여성의 결혼으로 구성된 것으로 나타났다. 지금도 다문화 가정은 꾸준히 증가하고 있다.

 용어풀이

- **다문화 가정**: 국제결혼으로 이루어진 가정으로 부모 중 한쪽이 한국인으로 구성된 가정
- **통계청**: 통계 업무를 맡아보는 국가 기관

1 다음은 다문화 가정의 학생 수에 관한 자료를 서로 다른 모양의 그래프로 나타낸 것이다. 두 그래프의 공통점과 차이점을 서술하시오.

[연도별 다문화 가정의 학생 수]

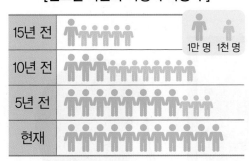

[연도별 다문화 가정의 학생 수]

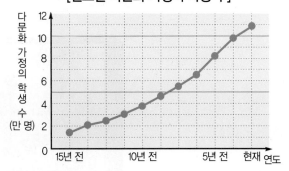

2 그래프는 여러 가지 자료의 수치를 점, 직선, 곡선, 막대, 그림 등을 이용해 보기 쉽게 나타낸 것이다. 우리 주변에 그래프가 사용된 곳을 5가지 찾아 서술하시오.

정답 및 해설 21쪽

의학이 발달하고 생활 수준이 높아지면서 사망률은 현저하게 줄어들고 있고, 우리나라를 비롯해 선진국에서는 매년 출산율이 급격히 떨어지고 있다. 그 결과 유소년 인구가 차지하는 비율은 점점 감소하고, 사망률이 줄어들면서 인간의 평균 수명이 높아지게 되었다. 쉽게 말하면, 태어나는 사람도, 죽는 사람도 별로 없다는 것이다. 국제연합(UN) 보고서에 의하면, 우리나라가 전 세계에서 인구 **고령화** 속도가 가장 빠르다. 현재 우리나라 사람들의 평균 연령은 44.2세이지만, 2050년에는 평균 연령이 53.9세가 되어 세계 최고령 국가가 될 것이라 예상하고 있다.

▲ 고령화

 **용어풀이**

• **고령화**: 한 사회에서 노인 인구의 비율이 높은 상태로 나타나는 일

1 다음은 우리나라의 연도별 연령별 인구 비율을 나타낸 그래프이다. 5년 뒤 우리나라는 고령화사회, 고령사회, 초고령사회 중 무엇일지 예상하여 서술하시오.

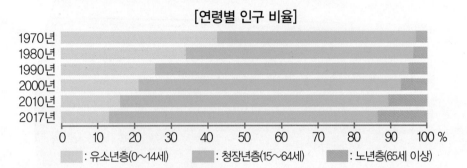

[연령별 인구 비율]

: 유소년층(0~14세)   : 청장년층(15~64세)   : 노년층(65세 이상)

힌트

- 고령화사회: 65세 이상 인구가 총 인구를 차지하는 비율이 7 % 이상
- 고령사회: 65세 이상 인구가 총 인구를 차지하는 비율이 14 % 이상
- 초고령사회: 65세 이상 인구가 총 인구를 차지하는 비율이 20 % 이상

2 STEAM 고령화사회의 문제점을 2가지 서술하시오.

VI
융합

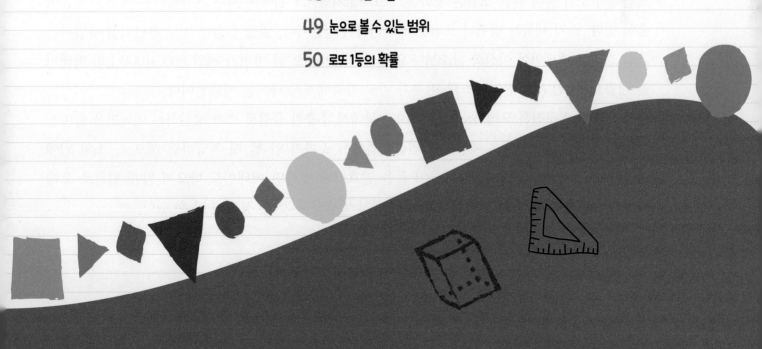

정답 및 해설 **22쪽**

아이고, 실례~

초원에서 소가 풀을 뜯는 모습은 평화롭기 그지없지만, 그 뒤에는 지구 온난화라는 어두운 모습이 숨어 있다. 소가 내뿜는 방귀나 트림은 **메테인**이 주성분이다. 열을 붙잡아 지구 온난화를 유발하는 온실 효과는 메테인이 이산화 탄소보다 25배나 강하다. 소 한 마리가 매일 800~1000 L의 메테인을 내뿜으며, 전 세계 온실가스의 18 %가 바로 가축에게서 나오는 메테인이다.

덴마크의 한 연구진은 오레가노(oregano) 식물에서 추출한 물질로 소가 생산하는 메테인을 줄이는 방법을 개발했다. 이 풀은 예전부터 민간요법에서 소화가 안 될 때 처방하던 허브로, 소의 위에 사는 일부 미생물을 죽인다. 미생물이 풀을 발효하지 못하면 메테인도 나오지 않게 되므로 오레가노 추출물을 사료에 섞어 먹이면 소의 메테인 발생량을 25 % 정도 줄일 수 있다.

 용어풀이

• 메테인: 무색 무취의 가연성 기체로, 탄화 수소의 한 종류

1 다음은 소의 방귀 양을 측정하기 위해 만든 소 방귀 수집 장치이다. 소 1마리가 방귀로 가로 50 cm, 세로 120 cm, 높이 30 cm의 직육면체 모양의 수집 장치를 가득 채웠다고 할 때, 소 방귀의 부피는 몇 cm³인지 계산하시오.

힌트

(직육면체의 부피)=(가로)×(세로)×(높이)

STEAM

2 지구 온난화는 온실가스에 의해 발생하며, 지구에 살고 있는 모든 생명을 위협한다. 지구 온난화를 막을 수 있는 방법을 3가지 서술하시오.

정답 및 해설 22쪽

세계에서 가장 높은 산으로 알려진 '에베레스트산(해발 8848 m)'이 기준을 달리하면 20등에도 들지 못한다. 최근 과학자들은 해수면이 아닌 지구 중심부로부터 거리를 계산할 경우 남미 에콰도르의 최고봉인 침보라소산(해발 6268 m)이 에베레스트산보다 훨씬 높다고 한다. 이는 지구가 완전한 구형이 아니라 적도 쪽으로 약간 부푼 타원형이기 때문이다. 지구의 반지름은 적도 지방이 극지방보다 21 km 더 길다. 따라서 같은 해발 높이라도 적도 지방에 있는 산들이 지구 중심부로부터 더 높은 곳에 있게 된다. 침보라소산은 적도 가까이에 있고 에베레스트산은 북위 28° 지역에 있다. 즉, 지구상에서 '하늘과 가장 가까운 곳'은 에베레스트산 꼭대기가 아니라 침보라소산 꼭대기가 된다.

 용어풀이

• 에베레스트산: 인도와 네팔, 중국 국경에 솟아 있는 세계 최고봉

1 다음 <설명>은 에베레스트산과 침보라소산의 위치와 높이에 대한 것이다. 해수면을 기준으로 할 때 에베레스트산과 침보라소산의 높이를 비교하여 서술하시오.

설명

- 에베레스트산: 북위 28° 지역에 있으며 해수면을 기준으로 할 때 8848 m이다.
- 침보라소산: 남위 1° 지역에 있으며 해수면을 기준으로 할 때 6268 m이다.

2 지구의 중심을 기준으로 할 때 에베레스트산과 침보라소산의 높이 차는 약 몇 km인지 풀이 과정과 함께 구하시오.

위도(°)	0	10	20	30	40	50	60	70	80	90
지구 반지름(km)	6378.1	6377.5	6375.7	6372.8	6369.3	6365.6	6362.1	6359.3	6357.4	6356.8

울산과학기술원(UNIST)의 '똥을 분해해 연료로 만드는 실험실'이 공개됐다. 이 실험실은 사람의 똥을 말려 가루로 만들고 다시 메테인 가스와 이산화 탄소로 분리해 연료로 쓸 수 있는 과정을 보여 주었다. 대변을 보면 곧바로 환기 팬이 돌면서 대변을 말린다. 30분가량 지나 대변이 완전히 마르면 봉지에 담아 미생물 반응조에 넣는다. 미생물이 가루를 분해하면서 메테인 가스와 이산화 탄소를 만들어 내는데 메테인 가스는 보일러로 들어가 난방 연료가 되고, 이산화 탄소는 **조류** 배양조로 옮겨져 미세조류의 먹이가 된다. 몸의 40 %가 지방인 미세조류가 이산화 탄소를 먹고 성장해 배양조 바닥에 가라앉으면 압착기를 통해 바이오 디젤로 바꿔 차 연료로 사용한다. 연료가 되는 자원을 제공했으니 대변을 본 사람에게도 혜택이 있다. 대변의 무게를 달아 200 g당 10꿀을 준다. '꿀'은 연구팀이 만든 새로운 화폐 단위로, 10꿀은 3600원의 가치가 있어서 이를 이용해 커피를 마실 수 있다.

• **조류:** 광합성을 하며 포자로 번식하는 생물로, 녹조나 적조의 원인이 되기도 한다.

1 현준이는 똥을 팔아 9000원을 벌었다. 현준이가 판 똥의 무게를 풀이 과정과 함께 구하시오.

2 사람의 똥을 자원으로 활용하는 아이디어의 장점과 단점을 각각 2가지씩 서술하시오.

정답 및 해설 23쪽

하나의 종이를 몇 번 접으면 그 두께가 우주에 다다를까? 현실적으로 실험을 통해 확인하기는 불가능한 일이지만 수학적인 계산으로는 **A4 용지**를 103번 반으로 접으면 우주에 도달할 만큼의 두께가 된다. A4 용지의 한 장의 두께는 약 0.1 mm 정도이다. 반으로 1번씩 접을 때마다 두께가 2배씩 증가하므로 이전 두께의 2배씩 계산하면 두께를 예상할 수 있다. A4 용지를 23번 접으면 종이 두께는 무려 1 km에 달한다. 30번을 접으면 100 km가 되어서 우주에 도달할 수 있는 두께가 된다. 실제로 A4 용지를 몇 번이나 접을 수 있을까? 일반적으로 A4 용지를 7번 접기도 힘들다.

 **용어풀이**

- **A4 용지**: 우리가 흔히 사용하는 종이로, 그 크기가 가로 210 mm, 세로 297 mm로 전 세계적으로 규격화되어 있다.

1 A4 용지의 두께가 0.1 mm라 할 때, A4 용지를 6번 접었을 때 종이의 두께는 몇 cm인지 구하시오.

STEAM 2 A4 용지를 한 번 접을 때마다 전체 종이의 두께는 점점 두꺼워지고, 넓이는 점점 줄어든다. 넓이가 1024 cm²인 종이를 긴 길이의 절반씩 4번 접은 후 넓이를 구하시오.

45 온도를 낮추는 페인트

정답 및 해설 24쪽

파이프에서 연회색 페인트가 쏟아져 나오자 인부들이 아스팔트 위에 페인트를 바르기 시작한다. 도로에 뿌려진 페인트는 햇빛을 반사하는 특수코팅제이다. 특수코팅제는 아스팔트에 흡수되는 태양열을 줄여서 도로 표면의 온도가 올라가는 것을 막아준다. 일반 아스팔트의 온도는 **화씨 116 ℉**이지만 특수코팅제를 바른 도로 표면의 온도는 화씨 94.5 ℉로 20 ℉ 이상 낮다. 우리나라 기온으로 섭씨 10 ℃가 넘게 도로 표면의 온도가 내려간 것이다. 특수코팅제가 아스팔트로 내리쬐는 햇빛의 33 % 이상을 반사하기 때문에 도로 표면의 온도를 낮게 유지할 수 있다.

 용어풀이

• 화씨온도: 물의 어는점을 32 ℉(=0 ℃), 끓는점을 212 ℉(=100 ℃)로 정하고 두 점 사이를 180으로 나눈 온도

1 화씨온도는 물의 어는점을 32 ℉, 끓는점을 212 ℉로 정하고 두 점 사이를 180으로 나눈 온도이다. 반면에 섭씨온도는 물의 어는점을 0 ℃, 끓는점을 100 ℃으로 정하고 두 점 사이를 100으로 나눈 온도이다. 화씨온도의 68 ℉는 섭씨온도의 몇 도와 같은지 서술하시오.

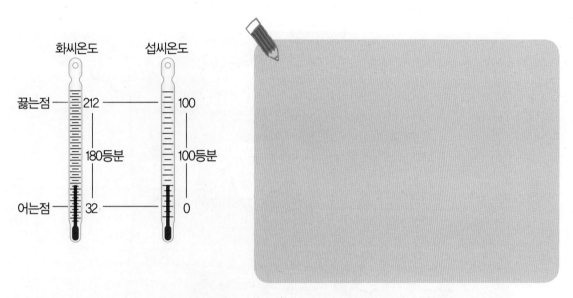

2 햇빛의 33 % 이상을 반사하여 온도를 낮추는 페인트를 활용할 수 있는 아이디어를 서술하시오.

46 만유인력 법칙

정답 및 해설 24쪽

과학자 아이작 뉴턴은 사과나무에서 사과가 땅으로 떨어지는 것을 보고 '만유인력 법칙'을 생각해 냈다고 한다. 만유인력 법칙은 '모든 물체는 그 질량과 거리에 따라 일정한 크기의 힘인 만유인력 으로 서로 끌어당기고 있다.'는 것이다. 사과나무의 사과는 만유인력에 의해서 땅(지구)으로 떨어 진다. 마찬가지로 하늘에 떠 있는 달도 만유인력에 의해 지구와 서로 끌어당기고 있다. 그런데 왜 달은 지구로 떨어지지 않는 것일까?

▲ 중력의 법칙

• **만유인력**: 우주의 모든 물체 사이에 작용하는 서로 끌어당기는 힘

1 달이 지구 주위를 하루에 약 13°씩 이동할 때, 달의 공전주기를 구하시오.

 STEAM

2 달과 지구는 만유인력에 의해 서로 끌어당기고 있는데 달이 지구로 떨어지지 않는 이유를 서술하시오.

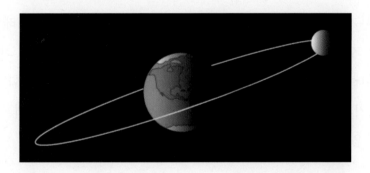

정답 및 해설 25쪽

최근 새로운 무기의 형태로 **레이저**를 사용한 무기가 개발되고 있다. 레이저는 아니지만 광선을
이용한 무기는 지금으로부터 약 2000년 전에도 사용되었다. 그리스의 최고의 수학자이자 과학자
였던 아르키메데스는 로마군의 침공에 맞서 태양광을 모아 로마군의 함선을 불태우는 무기를 만
들었다. 이 무기의 이름은 죽음의 광선이다. 실제로 태양광을 모아 배를 불태울 만큼 강한 빛을
모으기는 쉽지 않지만 아주 불가능한 것은 아니기 때문이다.

▲ 아르키메데스

• 레이저: 특정한 방법에 의해 증폭된 강력한 빛

1 다음은 레이저 포인터에서 나오는 빛을 위에서 본 모습이다. 거울에 비친 빛이 반사되는 방향을 그리고, 반사각의 크기를 구한 후 그 이유를 서술하시오.

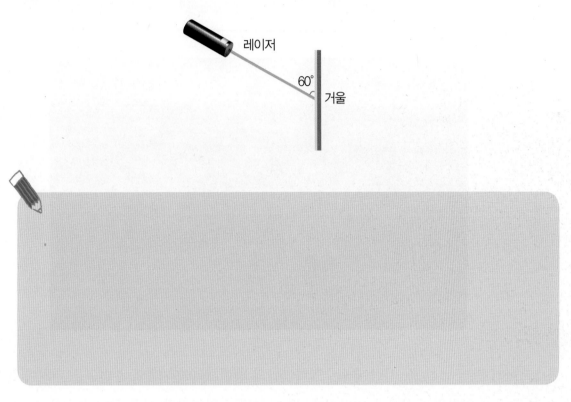

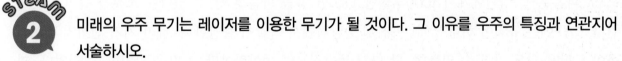

STEAM

2 미래의 우주 무기는 레이저를 이용한 무기가 될 것이다. 그 이유를 우주의 특징과 연관지어 서술하시오.

톨스토이의 단편 소설 중 '사람에게는 얼마만큼의 땅이 필요한가?'의 주인공은 러시아 농부 파홈이다. 파홈은 악마의 도움으로 이미 많은 땅을 가지고 있었지만 점점 땅에 욕심을 더 내었다. 어느 날 파홈은 한 상인에게서 1000루블만 있으면 땅을 마음껏 살 수 있다는 소문을 듣고 그곳에 간다. 그곳에는 규칙이 하나 있다. 아침에 출발점에서 똑같이 출발한 후 해가 지기 전까지 걸어서 돌아온 땅을 모두 가질 수 있는데, 단 다시 출발점으로 돌아와야만 그 땅을 차지할 수 있었다. 파홈은 해가 뜨자마자 출발하여 쉬지도 않고 걷고 또 걸었다. 끝없는 욕심으로 조금만 더 조금만 더 가다가 해가 지려하자 전속력으로 뛰어와 출발점에 도착했다. 하지만 파홈은 도착하자마자 쓰러지고 그 자리에서 죽고 만다. 파홈이 차지할 수 있었던 땅은 자신이 묻힌 1평도 안 되는 땅이었다.

- 루블: 러시아 화폐 단위

1 파훔은 해가 뜬 후 출발점에서 10 km 정도 앞으로 걷다가 왼쪽으로 꺾었고, 한참을 걷다가 다시 왼쪽으로 꺾었고, 다시 어느 정도 걸은 후 왼쪽으로 꺾어 2 km 정도 걸은 후 해가 지기 시작해 15 km 정도 남은 출발점을 향해 전속력으로 뛰었다. 파훔이 땅을 얻기 위해 이동한 길을 그리고, 파훔이 얻은 땅의 넓이는 몇 m²인지 구하시오. (단, 파훔이 이동한 길의 모양은 직사각형이다.)

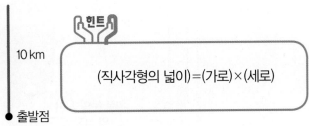

10 km

출발점

힌트

(직사각형의 넓이)=(가로)×(세로)

STEAM 2 파훔이 하루 동안 가장 넓은 땅을 얻으려면 어떻게 걸어야 하는지 서술하시오.

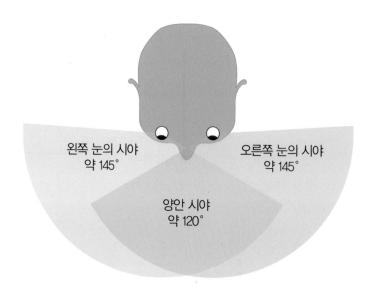

머리를 움직이지 않고 눈앞의 한 점을 똑바로 보고 있을 때 볼 수 있는 범위를 시야라 한다. 한쪽 눈으로 볼 수 있는 시야는 이론적으로는 원형이지만 실제로는 코, 뺨, 눈 주위의 뼈 등이 가로막고 있기 때문에 옆쪽과 위쪽의 시야는 좁아진다. 사람의 눈은 머리 앞에 붙어 있다. 자연스러운 상태에서는 앞쪽을 향하고, 좌우 눈은 각각 수평 방향으로 약 145° 범위를 볼 수 있다. 왼쪽 눈과 오른쪽 눈의 시야가 겹치는 약 120° 범위(**양안 시야**)에서는 물체를 입체로 볼 수 있다. 왼쪽 눈과 오른쪽 눈으로 본 두 개의 상이 대뇌에서 합쳐져 한 물체로 보인다. 위쪽으로는 수평으로부터 약 55° 정도 볼 수 있고, 아래쪽으로는 약 75° 정도 볼 수 있다. 사람의 시야는 빛의 색에 따라서도 달라진다. 흰색과 노란색은 넓고 파란색, 초록색, 녹색 순으로 좁아지는데, 눈에서 색을 인식하는 세포가 각도에 따라 다르기 때문이다.

• **양안 시야**: 양쪽 눈의 시선을 한 점에 고정한 상태에서 볼 수 있는 범위

1 우리가 어떤 물체를 보면 왼쪽 눈과 오른쪽 눈으로 본 두 개의 상이 대뇌에서 합쳐져 한 물체로 보인다. 이때 물체와 두 눈이 이루는 각의 크기에 의해 물체까지의 거리를 판단한다. 물체와 두 눈이 이루는 각(광각)의 크기와 물체까지의 거리 관계를 서술하시오.

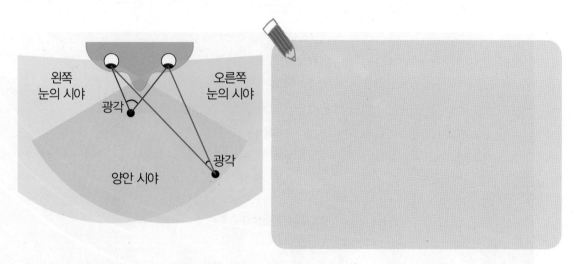

STEAM

2 육식동물과 초식동물의 눈의 위치를 바탕으로 각 동물의 시야를 비교하고 장점을 서술하시오.

▲ 고양이

▲ 토끼

50 로또 1등의 확률

정답 및 해설 26쪽

토요일 저녁 8시 40분마다 TV에서 로또를 추첨하는 모습을 볼 수 있다. 45개의 숫자 중에서 6개를 맞히면 1등으로 당첨된다. 당첨금은 로또 판매량과 1등 당첨자 수에 따라 달라지지만, 보통 15억 원 내외이다. 로또 1등에 당첨될 확률은 얼마일까? 수학의 확률은 도박에서 시작되었다. 도박사들이 도박에서 이길 궁리를 하다가 오늘날의 확률 이론을 세웠다. 수학적으로 계산해 보면 로또 복권의 각 등수 당첨 확률은 1등은 약 800만 명 중 1명, 2등은 약 1000만 명 중 7명, 3등은 약 10만 명 중 2~3명, 4등은 약 1000명 중 1명, 5등은 약 100명 중 2명, 꽝은 약 100명 중 97명이다. 이처럼 복권, 카지노 등 모든 도박 게임은 수학적으로 계산되어진 시스템이므로 **천운**이 아닌 이상 계속할 경우 절대 승산이 없다. 단순한 재미 그 이상은 경계해야 한다.

▲ 당신의 확률

 용어풀이

- **천운**: 하늘이 정한 운명

1 로또는 45개의 수 중 6개를 선택한다. 45개 중 4개의 수를 뽑았고 2개의 수만 남았다. 로또 1000회차 1등 당첨 번호가 될 수 있는 모든 경우의 수를 구하시오.

 32 10 6 34 ◯ ◯

STEAM 2 다음 <보기>의 상황 중 확률이 높은 것부터 순서대로 기호를 나열하시오.

보기

㉠ 로또 1등에 걸릴 확률 $= \dfrac{1}{8145060}$ ㉡ 벼락에 맞아 죽을 확률 $= \dfrac{1}{4289651}$

㉢ 욕조에서 넘어져 죽을 확률 $= \dfrac{1}{801932}$ ㉣ 비행기가 추락할 확률 $= \dfrac{1}{1245365}$

영재교육원

영재성검사

영재성검사 창의적 문제해결력

기출문제

배추흰나비 애벌레의 먹이인 케일 4개가 있다. 애벌레 한 마리는 하루에 잎을 1장 먹는데, 하나의 케일을 다 먹고 난 후 다음 케일을 먹는다. 배추흰나비 애벌레 한 마리가 첫 번째 케일을 먹기 시작하여 17일째 세 번째 케일을 먹고 있었다. 처음 4개의 케일의 잎의 수가 모두 같을 때, 케일 1개에 있는 잎의 수가 될 수 있는 수를 모두 구하시오.

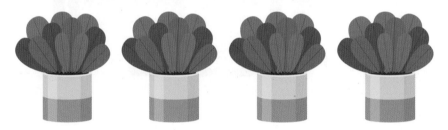

2 영재는 새로운 규칙의 주사위 놀이를 했다. 이 놀이는 주사위 1개를 2번 굴려 나온 눈의 수에 따라 일정한 규칙으로 점수를 얻는 놀이이다.

〈주사위 놀이 방법〉

1. 1회에 1개의 주사위를 2번 던진다.

2. 주사위를 던져 나온 눈의 수를 차례대로 결과표에 적는다.

3. 주사위를 던져 나온 눈의 수에 따라 정해진 규칙으로 점수를 계산한다.

다음은 영재가 주사위 놀이를 한 결과이다.

구분	1회		2회		3회		4회		5회		6회		최종점수
눈의 수	5	2	1	4	2	2	4	6	6	3	4	4	45
점수	3		4		4		24		3		8		

놀이 결과를 보고 알 수 있는 주사위 놀이의 점수 계산 방법을 모두 서술하시오.

기출
21

3 다음 규칙을 보고 물음에 답하시오.

규칙

① 정사각형을 그린다.

② 각 꼭짓점을 중심으로 하여 정사각형의 한 변이 지름이 되는 원을 모두 그린다.

③ 각 꼭짓점을 중심으로 하여 정사각형의 한 변이 반지름이 되는 원을 모두 그린다.

④ 정사각형 밖으로 그려진 원의 일부를 모두 지운다.

⑤ 이와 같은 무늬를 100개를 만들어 이어 붙인 후 큰 정사각형 무늬를 만든다.

(1) 큰 정사각형 무늬를 만들면 작은 정사각형의 한 변이 지름인 원은 모두 몇 개 그려지는지 구하시오.

(2) 큰 정사각형 무늬를 만들면 작은 정사각형의 한 변이 반지름인 원은 모두 몇 개 그려지는지 구하시오.

④ 〈그림 1〉과 〈그림 2〉는 같은 모양의 그림이다. 〈그림 1〉의 A, B, C, D, E, F에 해당하는 〈그림 2〉의 숫자를 아래 표에 알맞게 써넣고, 풀이 과정을 서술하시오.

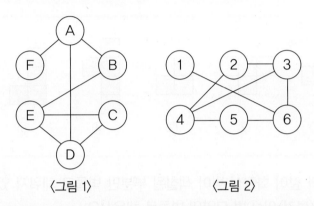

〈그림 1〉　　　〈그림 2〉

구분	A	B	C	D	E	F
알파벳에 해당하는 숫자						

기출
22

5 화장실 벽을 〈보기〉의 모양의 벽돌로 채우려고 한다. 물음에 답하시오.

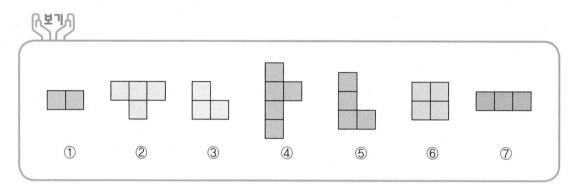

보기

① ② ③ ④ ⑤ ⑥ ⑦

(1) 다음과 같이 화장실 벽이 색칠된 부분만 벽돌로 채워져 있다. 벽돌로 채워지지 않은 부분을 〈보기〉의 ①번 모양의 벽돌로 채우시오.

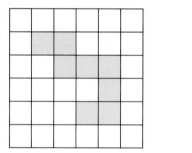 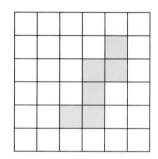

(2) 〈보기〉의 ①~⑦번 모양의 벽돌을 한 번씩 사용하여 다음 화장실 벽을 채우시오. (단, 돌리기는 가능하지만 뒤집기는 불가능하다.)

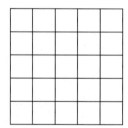

6 하나의 큰 정사각형을 작은 정사각형 조각으로 나누려고 한다. 정사각형을 다양하게 나누면 〈보기〉와 같은 모양이 만들어진다.

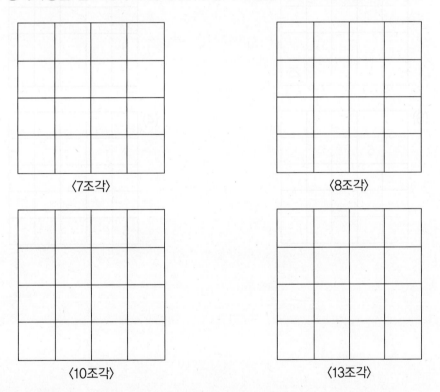

〈보기〉의 정사각형을 참고하여 조건에 맞게 정사각형을 나누고 숫자를 적으시오.

〈7조각〉

〈8조각〉

〈10조각〉

〈13조각〉

기출 22

7 〈보기〉는 수를 배열하는 규칙과 그 예시이다.

〈보기〉

〈수를 배열하는 규칙〉

1. 바로 위 칸에 놓인 수는 아래 칸에 놓은 수보다 작다.
2. 바로 오른쪽 칸에 놓인 수는 왼쪽 칸에 놓인 수보다 크다.

1	2	3
4	5	6
7	8	9

(예시)

〈보기〉와 같은 규칙으로 1~25까지의 수를 한 번씩만 사용하여 (1)~(4)의 빈칸을 채우시오.

(1)

1	3	6		
				25

(2)

3		10		12
9				

(3)

	5			

(4)

5				

8 같은 부피의 현무암과 화강암이 있다. 더 무거운 것은 어느 것인지 쓰고, 그 이유를 서술하시오.

〈화강암〉 〈현무암〉

9 응결 현상이 무엇인지 쓰고, 우리 주변에서 볼 수 있는 응결 현상의 예를 5가지 서술하시오.

① 응결

② 응결 현상의 예

10 국내의 한 기업은 '빼는 것이 플러스다.'라는 슬로건을 내세워 가격에 거품은 빼고, 가성비는 더한다는 전략으로 가격이 저렴하면서도 품질이 좋은 제품을 판매하여 소비자들로부터 큰 인기를 끌었다. '~빼면 ~ 플러스다.'라는 문구를 넣어 사람들에게 긍정적인 영향을 주는 문장을 5가지 서술하시오.

예시

가격에 거품을 빼면 판매량이 플러스다.

11 다음 〈자료〉에서 ①, ②와 같은 특징을 가지게 된 원인을 암석의 생성과정과 관련지어 설명하시오.

〈자료〉

유준이는 지난주에 가족과 함께 제주도에서 휴가를 보냈다. 그리고 여행 중에 들린 제주민속박물관에서 맷돌을 보았다. 맷돌을 자세히 살펴보니 표면에서 두 가지 특징을 찾을 수 있었다.
① 알갱이의 크기가 매우 작다.
② 겉 표면에 크고 작은 구멍이 많이 뚫려 있다.

12 다음은 바이오 디젤에 관한 설명이다. 바이오 디젤 사용이 인간 생활에 미칠 수 있는 영향 3가지를 쓰시오.

바이오 디젤이란 콩기름, 유채기름, 폐식물기름, 해조유(海藻油) 따위의 식물성 기름을 원료로 해서 만든 무공해 연료를 통틀어 일컫는 말이다.

13 다음은 혼합물 분리 실험을 위한 준비물이다.

혼합물

| 아몬드 | 쥐눈이콩 | 조 | 스티로폼 구 | 쇠구슬 |

준비물

| 자석 | 종이컵 | 송곳 | 수조 | 물 | 테이프 | 자 | 접시저울 | 식용유 |

위의 여러 가지 준비물 중에서 주어진 혼합물을 분리하는 데 필요한 준비물을 골라 다양한 방법으로 혼합물을 분류하는 실험을 설계하고, 실험 결과를 서술하시오.

14 2025년 화성으로 정착민을 보내는 프로젝트에 내가 선발되었다면, 화성에 도착했을 때 하고 싶은 활동과 그 이유를 5가지 쓰시오.

메모

STEAM
창의사고력
수학 100제

영재교육의 모든 것!
SD에듀가 상위 1%의 학생이 되는 기적을 이루어 드립니다.

안쌤 **안재범**　　수달쌤 **이상호**　　수박쌤 **박기훈**

— 영재교육 프로그램 —

☑ 창의사고력
대비반

☑ 영재성검사
모의고사반

☑ 면접
대비반

☑ 과고 · 영재고
합격완성반

— 수강생을 위한 프리미엄 학습 지원 혜택 —

영재맞춤형
최신 강의 제공

영재로 가는 필독서
최신 교재 제공

핵심만 담은
최적의 커리큘럼

PC + 모바일
무제한 반복 수강

스트리밍 & 다운로드
모바일 강의 제공

쉽고 빠른 피드백
카카오톡 실시간 상담

*SD*에듀 **안쌤 영재교육연구소** ┃ www.**sdedu**.co.kr

시대교육이 준비한
특별한 학생을 위한,
최상의 학습 시리즈

안쌤의 사고력 수학 퍼즐 시리즈

①
- 14가지 교구를 활용한 퍼즐 형태의 신개념 학습서
- 집중력, 두뇌 회전력, 수학 사고력 동시 향상

안쌤의 STEAM + 창의사고력
수학 100제, 과학 100제 시리즈

②
- 영재교육원 기출문제
- 창의사고력 실력다지기 100제
- 초등 1~6학년

안쌤과 함께하는
영재교육원 면접 특강

⑧
- 영재교육원 면접의 이해와 전략
- 각 분야별 면접 문항
- 영재교육 전문가들의 연습문제

스스로 평가하고 준비하는! 대학부설·교육청
영재교육원 봉투모의고사 시리즈

⑦
- 영재교육원 집중 대비·실전 모의고사 3회분
- 면접 가이드 수록
- 초등 3~6학년, 중등

※도서의 이미지와 구성은 변경될 수 있습니다.

NEW!

초등 4학년

영재교육원 영재성검사, 창의적 문제해결력 평가 완벽 대비

안쌤의

STEAM
+ 창의사고력
수학 100제

정답 및 해설

SD에듀
시대교육(주)

이 책의 차례

정답 및 해설

비만 인구의 증가

 1

예시답안

- 햄버거, 피자, 라면과 같이 열량이 높은 음식을 많이 먹기 때문이다.
- 놀이터나 운동장과 같이 안전하게 운동할 장소가 부족하기 때문이다.
- 여가시간에 운동을 하기보다 컴퓨터나 스마트폰을 사용하기 때문이다.
- 식사 후 디저트를 먹는 문화로 인해 섭취하는 열량이 많아졌기 때문이다.
- 학원을 가거나 책을 읽는 것과 같이 움직임이 적은 시간이 많아졌기 때문이다.

해설

소아 비만은 성인이 되어서도 비만일 가능성이 크기 때문에 위험하다.

 STEAM 2

예시답안

- 30억 명 정도 될 것이다. 세계 인구와 과체중인 인구는 계속 늘어날 것이기 때문이다.
- 21억 명 정도로 변함없을 것이다. 과체중인 사람과 정상 체중으로 관리하는 사람의 수가 지금과 크게 다르지 않을 것이기 때문이다.
- 18억 명 정도로 줄어들 것이다. 많은 사람이 비만에 대한 위험성을 알고 비만이 되지 않도록 철저히 관리할 것이기 때문이다.

해설

어느 주장이든 답이 될 수 있지만, 근거가 타당해야 한다.

 지구의 나이

1

모범답안

$1600 \times \frac{1}{4} = 400$ (℃), $1600 - 400 = 1200$ (℃)이고,

$1200 \times \frac{1}{4} = 300$ (℃), $1200 - 300 = 900$ (℃)이므로
2억 년이 지난 후 지구의 온도는 900 ℃이다.

해설

(1억 년 후 낮아진 온도)=(처음 지구의 온도)$\times \frac{1}{4}$

(1억 년 후 지구의 온도)

=(처음 지구의 온도)-(1억 년 후 낮아진 온도)

(2억 년 후 낮아진 온도)=(1억 년 후 지구의 온도)$\times \frac{1}{4}$

(2억 년 후 지구의 온도)

=(1억년 후 지구의 온도)-(2억 년 후 낮아진 온도)

 STEAM 2

예시답안

- 지구와 같이 생물이 사는 또 다른 행성이 우주에는 있을 것이다. 우주에는 끝없이 넓고 수많은 행성이 있으므로 그중 지구와 같은 행성이 한 개 이상 있을 것이다.
- 우주에는 지구와 같이 생물이 사는 또 다른 행성은 없을 것 같다. 만약 생물이 사는 행성이 있다면 우리가 알 수 있을 것이기 때문이다.

해설

확인된 사실이 아니므로 어느 주장이든 답이 될 수 있지만, 근거가 타당해야 한다. 많은 과학자들이 말하기를 생명체가 사는 행성은 별에서 적당한 위치에 놓여 적절한 온도를 유지해야 하고, 별의 크기가 적당해 수명이 짧지 않아야 한다고 한다. 또, 핵이 액체 상태이어서 자기장이 형성되어야 하고, 적당히 떨어진 거리에 적당한 크기의 위성이 있어야 생물이 살 가능성이 있다고 한다.

03 축척과 실제 거리

1 **예시답안**

- 인터넷 지도를 이용해 서울에서 부산까지의 거리를 알아본다.
- 자동차의 거리 측정 기능을 이용해 직접 거리를 알아본다.
- 지도와 축척을 이용해 서울에서 부산까지의 거리를 계산해 본다.
- 서울에서 출발해 부산에 도착하는 열차의 속력과 도착하는 데 걸리는 시간을 알아내어 거리를 계산해 본다.
- 한국도로공사 홈페이지를 방문하거나 직접 전화를 걸어 서울에서 부산까지의 거리가 얼마나 되는지 문의한다.

해설

'거리=속력×시간'으로 구할 수 있다.

2 **예시답안**

- 큰 지형을 작은 지도로 나타내면 지도가 정확하지 않기 때문이다.
- 지도에서 곧게 표현된 길이 실제로는 구불구불한 길이기 때문이다.
- 지도에 나타난 거리는 평면상의 거리이지만 언덕과 같이 입체적인 부분을 반영하면 거리가 늘어나기 때문이다.
- 지도에서 거리를 측정할 때 오차가 발생했기 때문이다. 축척이 적용되었으므로 지도에서 1 mm의 작은 오차도 실제 거리로는 엄청난 차이가 될 수 있다.

해설

지도에서 거리를 측정할 경우 실제 거리와 오차가 발생하는데, 이는 지형의 경사도를 계산하지 않았기 때문이다.

04 빅맥 지수

1 **예시답안**

- 나라마다 돈의 가치가 다르기 때문이다.
- 나라마다 빅맥을 선호하는 정도가 다르기 때문이다. 찾는 사람이 없으면 가격이 싸다.
- 나라마다 빅맥을 만드는 데 들어가는 빵, 고기, 채소 등의 재료비와 인건비가 다르기 때문이다.
- 나라마다 건물 임대료가 다르기 때문이다.

2 **예시답안**

같은 물건을 사는 데 드는 돈을 비교할 수 있으므로 그 나라의 돈의 가치를 알 수 있다. 빅맥을 사는데 A 나라는 3달러가 필요하고, B 나라는 5달러가 필요하다면, A 나라의 3달러와 B 나라의 5달러는 같은 가치를 갖는다. 따라서 빅맥 지수가 높다는 것은 그 나라의 돈의 가치가 낮다는 뜻이다.

해설

빅맥 지수는 '같은 물건은 어디에서나 값이 같아야 한다.'는 것을 전제로 각국의 맥도널드 빅맥 현지 통화 가격을 달러로 환산한 가격이다. 이것은 각국의 통화 가치가 적정 수준인지 살펴보는 데 활용된다. 그러나 빅맥 지수의 기준이 되는 빅맥 가격은 빵, 채소, 고기 등의 원재료 가격에 따라서만 결정되는 것이 아니라 인건비나 건물 임대료 같은 비용도 반영된다. 따라서 상대적으로 물가 수준이 높은 노르웨이, 덴마크, 스웨덴 등의 북유럽 국가들의 지수는 미국보다 높게 나타난다. 또한, 나라마다 식습관이 다양하고 세금 및 관세, 판매 경쟁의 정도 등도 서로 다르므로 빅맥 지수가 항상 현실을 반영하는 것은 아니며, 그 나라의 경제 상황 전반을 설명하기에도 부족함이 있다.

정답 및 해설

05 산책이 해롭다고?

1 모범답안

1시간은 60분이므로 24분을 시간으로 나타내면 $\frac{24}{60}$ 시간으로 나타낼 수 있다.

$\frac{24}{60}=\frac{4}{10}=0.4$ 이므로 1시간 24분은 1.4시간으로 나타낼 수 있다.

2 예시답안

• 나라가 보상해 주어야 한다. 개인이 미세먼지의 원인을 제공한 사람을 찾아 보상받기 어렵기 때문이다.

• 나라가 보상해 주어야 한다. 미세먼지를 발생시키는 자동차나 공장에 세금을 부과하고, 그 세금으로 개인에게 보상해 준다.

• 미세먼지가 바람에 의해 이동하는 것은 자연현상이므로 피해 보상을 받을 수 없을 것이다. 따라서 개인이 스스로 피해를 보지 않도록 주의해야 한다.

해설

정해진 답은 없지만 피해를 보상해야 하는 주체와 그 근거가 부합해야 한다.

06 불쾌지수

1 모범답안

(건구 온도＋습구 온도)×0.72＋40.6＝(불쾌지수)

2 예시답안

• 기온: 기온이 낮으면 체감온도가 낮아진다.
• 습도: 습도가 낮으면 체감온도가 낮아진다.
• 햇빛: 햇빛이 비치면 체감온도가 높아진다.
• 활동량: 활동량이 많으면 체감온도가 높아진다.
• 옷차림: 옷을 얇게 입으면 체감온도가 낮아진다.
• 바람: 겨울에 찬 바람이 불면 체감온도가 낮아진다.
• 옷의 색깔: 어두운 색의 옷을 입으면 체감온도가 높아진다.
• 기분: 기분이 나빠 몸에서 열이 나면 체감온도가 높아진다.
• 옷의 재질: 털처럼 공기를 많이 포함하고 있는 옷을 입으면 체감온도가 높아진다.

해설

온도계는 공기의 온도만을 측정하고 풍속, 습도, 일사량 등 사람이 느끼는 여러 가지 환경 요인은 고려하지 않는다. 따라서 기온만으로는 사람들이 느끼는 추위 정도를 가늠하기 어렵다. 겨울철 날씨는 기온보다 체감온도에 좌우되는 경향이 크다. 체감온도는 사람이 느끼는 온도이므로 사람마다 느끼는 정도가 다를 수 있다. 기분, 활동량, 옷차림과 같은 개인적인 것도 체감온도에 영향을 줄 수 있다.

07 스피드 스케이팅

1 모범답안

37초 42+37초 28=74초 70

해설

1차 경기 기록은 37초 42이고, 2차 경기 기록은 37초 28이다. 소치 동계 올림픽까지는 스피드 스케이팅 500 m 종목의 경우 선수당 1차 레이스, 2차 레이스를 통해 합산 기록으로 승부를 가렸다. 그러나 대한민국 평창 동계 올림픽부터 경기 규칙이 바뀌어 스피드 스케이팅 500 m 종목에서는 출전 선수당 단 한 번의 레이스 기록만으로 승부를 겨룬다.

2 예시답안

걸리는 시간이 짧은 종목일수록 기록을 표현하는 자릿수가 더 많아야 정확하게 비교할 수 있기 때문이다.

해설

속력이 빠를수록 순위를 결정하는 데 정확한 기록이 필요하다.

08 팔만대장경의 글자 수

1 모범답안

약 644개

(한쪽 면에 새겨진 글자 수)=14×23=322 (개)
(1개의 목판에 새겨진 글자 수)
=(양면에 새겨진 글자 수)
=322×2=644 (개)

해설

팔만대장경은 만들어진 지 무려 700여 년이 지났지만, 나무로 만든 경판이 좀먹거나 뒤틀리지 않고 아직도 만들어진 당시와 같은 상태를 유지하고 있다. 그 이유는 팔만대장경을 보관하고 있는 해인사 장경판전이 해충과 습기를 막고 바람이 잘 통하도록 설계되었기 때문이다. 이러한 과학적·역사적 가치를 인정받아 팔만대장경은 유네스코 세계기록유산으로, 팔만대장경을 보관하고 있는 장경판전은 유네스코 세계문화유산으로 지정되었다.

2 모범답안

약 52330152개

(1개의 목판에 새겨진 글자 수)=644개
(팔만대장경에 새긴 글자 수)
=644×81258
=52330152 (개)

해설

정확한 수를 계산하는 것이 어렵다면 근삿값을 활용해도 된다. 1개의 목판에 약 650개의 글자가 있고 목판은 모두 약 81000개이므로
650×81000=52650000 (개)
의 글자가 있다고 할 수 있다.

정답 및 해설

09 비밀번호

1 예시답안

- 다른 사람이 쉽게 알 수 있는 생일, 전화번호 등을 사용하지 않는다.
- 숫자, 기호, 알파벳을 조합해 비밀번호를 만든다.
- 자신만의 비밀 단어에 기호와 숫자를 조합한다.

해설

가장 좋은 비밀번호는 해킹하기 어려우면서 기억하기 쉬워야 한다. 한 보안 회사에서 해킹하기 어려운 비밀번호의 조건을 3가지로 정리했다.

첫째, 알파벳 대문자, 소문자, 숫자, 특수 문자를 모두 사용한다.

둘째, 8자 이상으로 만든다.

셋째, 이름, 생일, 사전에 있는 단어 하나로만 만들지 않는다.

이 세 가지 조건을 지키면 안전한 비밀번호를 만들수 있다고 한다.

STEAM 2 예시답안

- 방문하는 사이트마다 다른 비밀번호를 사용한다. 방문하는 사이트의 주소를 이용해 비밀번호를 만든다. 예를 들면 핵심 키워드를 1234라 하고, 내가 방문하고자 하는 사이트의 주소가 naver.com이라 가정하면 비밀번호의 첫 글자는 방문하고자하는 사이트의 첫 알파벳을 사용하고, 마지막에는 사이트를 나타내는 알파벳의 개수를 사용하여 n12345라는 비밀번호를 만들 수 있다. 방문하고자하는 사이트의 주소가 daum.net이면 비밀번호는 d12344가 된다.
- 주기적인 교체 시기를 정해 자신만의 패턴으로 계산법을 적용한다. 예를 들면, 태어난 날이 4월 6일(0406)이고, 번호 바꾸는 날이 11월 1일(1101)이면 0406+1101=1507로 비밀번호를 바꾼다.

10 가장 높은 건물

1 모범답안

1개의 층을 올라가는 데 걸리는 시간은 약 0.5초이다. 지하 2층에서 163층까지 올라가려면 총 164개의 층을 올라가야 한다. 따라서 $0.5 \times 164 = 82$ (초)이므로 1분 22초 걸린다.

STEAM 2 예시답안

- 곤돌라
- 케이블카
- 무빙워크
- 사다리차
- 에스컬레이터
- 컨베이어 벨트

해설

등속 직선 운동은 외부에서 힘이 가해지지 않아 속력이나 방향이 바뀌지 않는 운동이고, 가속도 운동은 외부에서 힘이 가해져 속력이나 방향이 바뀌는 운동이다.

11 돌담의 비밀

1 예시답안

사각형　직사각형
평행
수직

- 서로 수직인 돌이 있다.
- 서로 평행한 돌이 있다.
- 돌의 모양이 사각형이다.
- 돌이 규칙적으로 쌓여 있다.
- 직사각형 모양의 돌을 찾을 수 있다.
- 돌이 빈틈이나 겹침없이 공간을 가득 채우고 있다.
  → 테셀레이션

STEAM 2 예시답안

- 키보드　　　　• 벽지
- 축구공　　　　• 욕실이나 현관 타일
- 보도 블럭　　 • 상품의 포장지 무늬

해설

테셀레이션은 평면뿐만 아니라 입체를 빈틈없이 덮는 경우도 포함한다.

▲ 벽지

▲ 축구공

▲ 보도 블럭

▲ 욕실 타일

12 맨홀 뚜껑

1 예시답안

- 병뚜껑: 뚜껑을 돌려 딸 수 있도록 원으로 만들었다.
- 두루마리 화장지: 화장지를 돌려서 사용하기 편리하다.
- 이어폰: 귓구멍의 모양을 본 떠 만든 것으로 귀에 잘 들어가는 모양이다.
- 보온병: 열을 빼앗기는 면적을 적게 만들기 위해 원기둥 모양으로 만들었다.
- 공: 잘 굴러가고 어느 방향으로든 튀어갈 수 있으므로 운동 경기에 사용하기 알맞다.

STEAM 2 예시답안

- 뚜껑이 구멍으로 빠지지 않는다.
- 무거운 뚜껑을 굴려서 옮길 수 있다.
- 사람의 몸통 모양과 비슷해 쉽게 들어가고 나올 수 있다.
- 모서리가 없어 모양을 맞추지 않아도 되므로 뚜껑을 닫기 편하다.
- 아래로 내려가기 위해 사다리를 놓을 때 어느 방향이든 놓을 수 있다.

해설

원은 어느 방향에서 재어도 지름이 일정하기 때문에 원 모양으로 구멍과 뚜껑을 만들면 뚜껑은 구멍으로 빠지지 않는다. 만약 맨 홀 뚜껑이 사각형이면 대각선 길이가 뚜껑의 한 변의 길이보다 길기 때문에 뚜껑이 빠질 수 있다. 또한, 삼각형이나 사각형은 모서리가 있으므로 뚜껑을 닫을 때 모서리를 맞춰 닫아야 하는 불편함이 있고, 충격을 받을 때 모서리가 깨지기 쉽다.

정답 및 해설

 13 지구의 자전

1 모범답안

12시~1시 사이에 2번, 1시~2시 사이에 2번, 2시~3시 사이에 1번, 3시에 1번으로 총 6번이다.

해설

시침과 분침이 직각을 이루는 경우는 약 12시 16분, 약 12시 49분, 약 1시 22분, 약 1시 54분, 약 2시 27분, 3시 정각이다.

 2 예시답안

• 자전하지 않고 공전만 한다면 낮이 6개월, 밤이 6개월씩 반복될 것이다.
• 태양이 비추는 곳은 낮이 계속되고, 태양이 비추지 않는 곳은 밤이 계속될 것이다.
• 태양이 비추는 낮인 곳은 계속 더워지고, 태양이 비추지 않는 밤인 곳은 계속 추워질 것이다.

 14 오륜기

1 예시답안

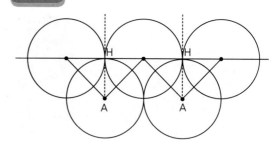

해설

직선을 그리고 직선 위에 원의 중심이 위치하도록 3개의 원을 서로 만나게 그린다. 두 원이 만나는 점 H를 지나는 수선을 그린 다음 점 H와 원의 반지름이 만나는 점 A를 찾는다. 점 A를 원의 중심으로 하는 원을 각각 2개 그린다.

 2 예시답안

• 서로 다른 색으로 원을 그려 화합을 표현했다.
• 유럽, 아시아, 오세아니아, 아프리카, 아메리카의 5개의 대륙을 표현한 것이다.

해설

실제 오륜기의 5개의 원은 5개의 대륙을 상징한다. 왼쪽으로부터 파란색, 노란색, 검정색, 초록색, 빨간색의 순서로 다섯 개의 둥근 고리가 'W'자를 이루며 연결되어 있다. 각 원은 유럽, 아시아, 아프리카, 오세아니아, 아메리카의 5개의 대륙을 상징한다. 그러나 색깔과 구성된 표시와는 전혀 관계가 없으며, 당시 각 나라의 국기들이 거의 이 다섯 가지 색깔로 구성된 데서 힌트를 얻어 만들어진 것이다.

볼링 경기

1 예시답안

7-2-9를 연결한 삼각형과 5-6-9를 연결한 삼각형은 모두 정삼각형으로 한 내각의 크기는 모두 60°이다. 7-9-6을 이어 생기는 각의 크기는 정삼각형의 두 개의 내각의 크기의 합과 같으므로 120°이고, 둔각이다.

해설

두 직선이 만나서 이루는 각의 크기가 0°보다 크고 90°보다 작은 각을 예각이라 하고, 90°인 각을 직각이라 한다. 또, 90°보다 크고 180°보다 작은 각을 둔각이라 한다.

 2 예시답안

모든 핀을 둥글고 촘촘하게 세워 한 개의 핀에라도 충격이 전해지면 모두 쓰러질 수 있도록 한다.

 착시 현상

1 예시답안

• 왼쪽에서 보면 4개의 조각으로 보이지만 오른쪽에서 보면 3개의 조각으로 보인다.
• 실제로 존재할 수 없는 모양이다.

해설

실제로 존재할 수 없는 착시를 활용한 모양이다. 우리 눈은 사물을 볼 때 그것 하나만 보는 게 아니라 주변의 물체들을 함께 보고, 주변 물체들과의 관계 속에서 그 사물을 인식한다. 그래서 주변 사물이 어떻게 배치되어 있느냐에 따라 똑같은 물체라도 다르게 인식할 수 있다. 이런 현상을 눈의 착각, 착시라 한다. 착시 현상은 예로부터 그림을 그리는 데도 응용되었으며, 현대에 와서는 인간의 마음을 연구하는 중요한 수단으로도 쓰이고 있다.

 2 예시답안

• 세로줄 무늬 옷을 입으면 키가 더 커 보인다.
• 돌아가는 선풍기 날개의 모양이 원으로 보인다.
• 같은 패턴이 반복된 모양을 보면 움직이는 것처럼 보인다.
• 어두운 색의 옷을 입으면 밝은색의 옷을 입을 때보다 몸이 작아 보인다.
• 한 물체를 오랫동안 보다가 다른 곳을 보면 잠시 동안 그전에 보고 있었던 물체가 보인다.
• 책 모서리에 연속 동작 그림을 그린 후 책장을 빠른 속도로 넘기면 그림이 움직이는 것처럼 보인다.

17 물건 사기

1 모범답안

구분	비스킷	사탕	음료수
가격(원)	2010	960	2140
올림한 가격(원)	2100	1000	2200
버림한 가격(원)	2000	900	2100
반올림한 가격(원)	2000	1000	2100

해설

올림은 어떤 수를 그 수보다 큰 수로 대략 나타내는 것이고, 버림은 어떤 수를 그 수보다 작은 수로 대략 나타내는 것이다. 반올림은 구하려는 자리 바로 아래 자리의 숫자가 0, 1, 2, 3, 4이면 버리고, 5, 6, 7, 8, 9이면 올리는 방법이다.

2 예시답안

올림을 이용한다. 버림이나 반올림을 이용해 물건값을 어림하면 합계가 자신이 가진 돈보다 더 커지는 경우가 생길 수 있기 때문이다.

해설

필요한 물건을 상자 단위 또는 묶음 단위로 사는 경우에는 올림을 이용하고, 물건을 일정한 개수의 묶음 단위로 파는 경우에는 버림을 이용한다. 예를 들어 색종이 25장이 필요한데 색종이를 10장씩 묶음 단위로 판다면 올림하여 10장씩 3묶음을 사야 한다. 100원짜리 동전 87개를 1000원짜리 지폐로 바꿀 때는 버림하여 8000원까지만 바꿀 수 있다. 길이, 무게, 인구 등을 측정하거나 수량을 그래프로 그리는 통계 자료는 대부분 사용되는 수가 크고 복잡하기 때문에 간단하게 나타내기 위해서 반올림을 이용한다. 올림, 버림, 반올림한 근삿값은 참값과 차이가 생기는데 이것을 오차라 한다.

18 수학적인 대통령

1 모범답안

203명 중 $\frac{2}{3}$는 135.33…인데 0.33…명은 있을 수 없으므로 반올림하면 135명이다. 따라서 찬성표 135표를 얻고 법안이 가결되었다.

해설

일반적으로 통계에서 생명체는 내림을 한다. 소수점 이하 숫자는 하나의 개체로 보기 힘들기 때문이다. 예를 들어 25명 중에 10 %는 2.5명이지만 실제는 2명만 해당된다.

2 모범답안

사람 수의 십의 자리 숫자가 5, 6, 7, 8, 9일 때 백의 자리 숫자는 4이고, 십의 자리 숫자가 0, 1, 2, 3, 4일 때 백의 자리 숫자는 5이므로 십의 자리에서 반올림하여 73500명이 되는 사람 수는 73450명 이상 73549명 이하이다.

해설

반올림은 구하려는 자리의 바로 아래 자리의 숫자가 0, 1, 2, 3, 4이면 버리고, 5, 6, 7, 8, 9이면 올리는 방법이다.

19 타임캡슐

1 모범답안

2019년의 남은 날은 6월의 20일, 7월의 31일, 8월의 31일, 9월의 30일, 10월의 31일, 11월의 30일, 12월의 31일로 모두 204일이다.

$2124-204=1920$, $1920÷365=5\cdots95$

2020년과 2024년은 윤년으로 1년이 366일이므로 남은 날은 93일이다.

2025년의 1월의 31일, 2월의 28일, 3월의 31일을 더하면 90일로 3일이 남는다. 따라서 타임캡슐을 열어 보는 날짜는 2025년 4월 3일이다.

2 예시답안

· 지금 나의 모습이 담긴 가족사진을 넣고 싶다. 20년 후와 비교해 보고 싶기 때문이다.

· 게임기를 넣고 싶다. 지금은 게임기를 마음껏 사용하지 못하지만 20년 후에는 마음껏 사용할 수 있을 것이기 때문이다.

해설

타임캡슐에 넣고 싶은 물건을 쓰고, 긍정적이고 타당한 이유를 적는다. 타임캡슐은 인류의 문화유산을 보존하는 방법의 하나로, 추억이 될만한 물건을 넣고 보존했다가 특정 시기에 열어서 추억을 확인하는 것이다. 타임캡슐의 밀봉을 제대로 잘 하지 않으면 틈새로 흙이나 물이 새어 들어가서 내용물이 훼손되는 경우도 있다.

20 비행기 도착 시각은?

1 모범답안

토론토는 우리나라보다 13시간 느린 시각을 사용하므로 토론토 시각으로 12일 오후 1시 30분일 때, 우리나라는 13일 오전 2시 30분이다. 아버지가 비행기를 타고 출발한 시각은 우리나라 시각으로 13일 오전 2시 30분이다. 오는 데 걸리는 시간이 14시간이므로 13일 오후 4시 30분에 인천 국제 공항에 도착한다.

2 예시답안

지구는 둥글고 자전하기 때문에 동-서로 멀리 떨어진 곳은 태양과 마주하는 시간 차이가 생기게 되므로 시차가 생긴다. 우리나라는 동-서로 넓지 않으므로 같은 시각을 사용해도 불편함이 없지만 캐나다는 동-서로 넓기 때문에 서로 다른 시각을 사용한다.

해설

캐나다뿐만 아니라 미국, 러시아, 브라질, 호주 등과 같이 동-서로 넓게 위치한 나라는 같은 나라에서도 서로 다른 시각을 사용한다. 단, 중국은 동-서로 넓은 나라이지만 편의상 인구의 대부분이 모여 사는 동쪽의 시간을 기준으로 하여 하나의 시간을 사용한다. 따라서 오전 8시에 해가 떠서 밝은 지역이 있지만 어떤 지역에서는 아직 해가 뜨지 않은 곳도 있다.

정답 및 해설

 21 길이 단위 Smoot

1 **모범답안**

170 cm=1 Smoot이므로
$$65 \text{ Smoot}=170 \times 65$$
$$=11050 \text{ cm}$$
$$=110 \text{ m } 50 \text{ cm}$$
이다.

해설

국제 표준 길이 단위는 미터법이다. 자나 저울 같은 것이 없었던 옛날에는 인체의 각 부위를 단위로 사용했다. 하지만 사회가 점차 발달함에 따라 나라 사이의 교류도 활발해지자 서로 물건을 바꾸어 쓸 일이 많아졌고, 사람들은 단위를 서로 통일해서 사용해야겠다는 생각을 하게 되었다. 미터법은 1799년에 프랑스에서 처음 사용하기 시작했고, 1875년에 여러 국가에서 미터법을 사용하자고 약속을 하면서 세계적으로 널리 쓰이게 되었다. 미터법에서 쓰이는 길이의 단위로는 밀리미터(mm), 센티미터(cm), 미터 (m), 킬로미터(km)가 있다.

STEAM 2 **예시답안**

Smoot의 키를 단위 길이로 했을 때 다리 길이는 Smoot의 키의 364.4배이며 1 ear는 1개의 귀 크기와 같다. 따라서 이 다리의 길이는 Smoot의 키의 364.4배에 귀 1개의 길이를 더한 것과 같다.

 22 제한 속도의 범위

1 **모범답안**

제한 속도가 90 km/h인 도로에서 130 km/h로 달린 승용차의 위반 속도는 130-90=40 (km/h)이다.
40 km/h는 20 km/h 초과 40 km/h 이하에 포함되므로 부과되는 벌금은 60000원이다.

해설

초과는 어떤 수보다 큰 수를 의미하고, 이하는 어떤 수와 같거나 작은 수를 의미한다. 초과는 기준이 되는 어떤 수는 포함하지 않지만, 이하는 기준이 되는 어떤 수를 포함한다.

STEAM 2 **예시답안**

- 과속방지턱을 만든다.
- 속도 제한 자동차를 만든다.
- 과속 방지 표지판을 만든다.
- 착시 현상을 일으키도록 한다.
- 사고와 사망자 수를 공개한다.
- 과속 단속 카메라를 설치한다.
- 도로에 싱크홀이나 눈이 쌓인 언덕처럼 보이는 스티커를 붙인다.

해설

넛지 효과를 이용하면 적은 비용으로 운전자들의 자발적인 안전운행을 촉구할 수 있다. S자 커브에서 과속으로 인해 교통사고가 빈번하게 일어나는 도로가 있다. 제한 속도 표지판을 걸어두어도 아무런 쓸모가 없었다. 당국은 고민 끝에 길 위에 하얀 선들을 처음엔 같은 간격으로, 갈수록 차츰 좁아지게 그렸다. 이를 통해 시각적 효과로 운전자는 속도가 점점 증가한다고 느끼고, 자발적으로 속도를 줄여 교통사고가 훨씬 줄었다. 이처럼 아이디어 하나가 숱한 경고문이나 캠페인보다도 효과적일 수 있다.

23 고인돌 왕국

1 모범답안

1578 kg＝1 t 578 kg

987000 g＝987 kg

1 t 578 kg＋2 t 28 kg＋987 kg＝4 t 593 kg

2 예시답안

무덤을 고인돌로 만든 이유는 시체를 묻은 장소를 표시하여 기억하고, 동물들이 시체를 훼손하는 것을 방지하기 위해서이다. 고인돌을 만드는 데 많은 인력이 필요하므로 높은 권력을 가졌거나 지위가 높은 사람일수록 큰 규모의 고인돌을 만들었다.

해설

고인돌을 만드는 방법은 다음과 같다. 먼저 쓸만한 돌을 찾아내거나 커다란 암반에서 떼어내는 방법으로 돌을 구한다. 암반으로부터 돌을 떼어낼 때는 바위 결을 따라 난 조그만 틈에 깊은 홈을 파서 나무 말뚝을 박고 나무 말뚝을 물에 적신다. 시간이 지나 물에 불어난 나무가 바위를 가른다. 떼어낸 돌은 큰 통나무를 여러 개 깔아 놓고 옮긴다. 땅을 파서 고임돌을 세운 후에는 고임돌의 꼭대기까지 흙을 쌓아 올려 경사가 완만하게 둔덕을 만들고, 둔덕을 따라 덮개돌을 올린 뒤 흙을 치우면 고임돌 위에 덮개돌이 얹힌다. 고임돌과 덮개돌로 인해 생긴 공간에 시체와 부장품을 넣은 후 편편한 돌판으로 막으면 마무리된다.

24 해운대 인파는 몇 명?

1 모범답안

2000명

해설

(앉아 있는 사람 수)＝200×4＝800 (명)

(서 있는 사람 수)＝200×6＝1200 (명)

(광장에 모인 사람 수)

＝(앉아 있는 사람 수)＋(서 있는 사람 수)

＝800＋1200＝2000 (명)

2 예시답안

• 해운대 해수욕장의 넓이

• 일정한 넓이(면적)에 있는 사람 수

• 해운대 해수욕장에서 사람들이 머무르는 평균 시간 또는 인파 집계 횟수

해설

해운대 해수욕장은 백사장의 길이 1.8 km, 너비 50 m, 평균수심 1 m, 넓이 58400 m² 의 규모로 전국에서 가장 넓은 해수욕장 가운데 하나이다. 해수욕장의 특정 부분을 정한 후 1 m² 안에 있는 사람의 수를 세어 전체 넓이를 곱하는 방법으로 해수욕장에 모인 인파를 예측할 수 있다. 이러한 방법을 '페르미 추정법'이라 하는데 해수욕장 전체에 사람이 가득 차 있지 않고, 특정한 곳에 사람이 많이 분포해 있을 수 있어 정확한 수치를 구하기는 어렵다. 부산 해운대구는 페르미 추정법 방식의 한계를 극복하기 위해 2017년부터 해운대 해수욕장을 50 m×50 m 크기로 구분하고 30분 이상 구역 내에 머문 휴대전화 수를 확인하는 방식의 통계 기법을 도입했다고 한다.

정답 및 해설

 25 토끼는 몇 마리?

 1 모범답안

21

해설

앞의 두 수의 합이 다음 수가 되는 규칙의 수열이다.

STEAM 2 예시답안

토끼가 늘어나는 규칙은 피보나치 수열과 같은 규칙이다. 따라서 1, 2, 3, 5, 8, 13, 21, 34, 55쌍으로 늘어나므로 8개월 후의 토끼의 수는 55쌍, 즉 110마리가 된다.

해설

그림을 그려보면 토끼의 수가 늘어나는 규칙이 피보나치 수열을 이루는 것을 알 수 있다.

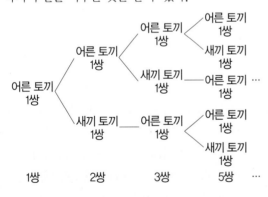

 26 달력 만들기

 1 예시답안

• 가로로 배열된 수는 1씩 커지는 수이다.
• 세로로 배열된 수는 7씩 커지는 수이다.
• ＼ 방향으로 배열된 수는 8씩 커진다.
• ／ 방향으로 배열된 수는 6씩 커진다.
• 사각형 안의 수들의 합은 가운데 수의 9배이다.
• 1주일은 7일로 같은 요일이 7일에 한 번씩 반복된다.
• 12를 기준으로 위아래, 좌우, 대각선 방향에 있는 두 수의 합이 같다.

STEAM 2 예시답안

• 규칙적이어야 한다.
• 1년(365일)에 맞추어 사용할 수 있어야 한다.
• 일주일이나 1달이 너무 길거나 짧으면 안 된다.

해설

고대 사회는 농경 사회였기 때문에 시간과 계절의 개념이 매우 중요했다. 작물의 씨를 뿌리는 때와 비가 많이 오는 시기를 파악하는 것이 중요하기 때문이다. 고대 사람들은 계절이 바뀌는 것을 경험하며 동시에 밤하늘의 별의 움직임도 규칙적으로 변한다는 것을 알았다. 이집트 사람들은 태양의 움직임과 별자리 변화 등을 기록하고 분석하여 1년이 대략 365.25일이라는 것을 알아냈다. 고대 로마의 정치가 율리우스 카이사르는 이집트에서 윤년이 적용된 태양력을 발견하고 로마에 적용했다. 율리우스력은 1년을 12개월 365일로, 4년에 한 번씩 윤년 366일로 정하고, 홀수 달은 31일, 짝수 달은 30일이었다. 이후 왕위에 오른 아우구스투스는 8월을 자신의 이름(august)으로 바꾸고 2월에서 하루를 떼어 8월에 붙였다. 이후 관측 기술 발달로 오차를 수정하여 만든 달력인 그레고리력이 현재 세계적으로 사용되고 있는 양력 달력이다.

27 파스칼의 삼각형

1 **예시답안**

각 줄의 양쪽 끝에는 1을 쓰고 윗줄의 두 수의 합을 다음 줄에 쓰는 규칙이다.

2 **예시답안**

- 각 줄의 양쪽 끝 수는 모두 1이다.
- 윗 줄의 두 수의 합이 아랫 줄의 수이다.
- 각 줄의 왼쪽에서 두 번째 수 또는 오른쪽에서 두 번째 수를 이으면 1, 2, 3, 4, …의 순서로 1씩 커지는 수이다. [그림 1]
- 각 줄의 수를 모두 합하면 2, 4, 8, 16, …의 2의 거듭제곱이 된다. [그림 2]
- 화살표 위의 수를 모두 합하면 화살표 끝의 수가 된다. [그림 3]

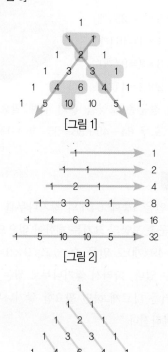

[그림 1]

[그림 2]

[그림 3]

28 버스 출발 시각

1 **예시답안**

- 1번 버스: $60 \div 6 = 10$ (번)
- 2번 버스: $60 \div 15 = 4$ (번)

해설

- 1번 버스: 6분 간격으로 운행하므로 1시 6분, 1시 12분, 1시 18분, 1시 24분, 1시 30분, 1시 36분, 1시 42분, 1시 48분, 1시 54분, 2시에 출발한다.
- 2번 버스: 15분 간격으로 운행하므로 1시 15분, 1시 30분, 1시 45분, 2시에 출발한다.

2 **예시답안**

정시와 30분, 2번이다.

해설

- 1번 버스: <u>1시</u>, 1시 6분, 1시 12분, 1시 18분, 1시 24분, <u>1시 30분</u>, 1시 36분, 1시 42분, 1시 48분, 1시 54, <u>2시</u>, 2시 6분, …
- 2번 버스: <u>1시</u>, 1시 15분, <u>1시 30분</u>, 1시 45, <u>2시</u>, 2시 15분, …

정답 및 해설

 29 메시지 보내기

1 모범답안

7을 4번 누르면 S, 8을 2번 누르면 U, 6을 2번 누르면 N이 입력되므로 만들어지는 영어 단어는 SUN이다.

STEAM 2 모범답안

6을 1번, 2를 1번, 8을 1번, 4를 2번 순서대로 눌러야 한다.

해설

다이얼 패드의 숫자와 대응된 알파벳을 순서대로 누른다. 각 숫자에 대응된 2~4번째 알파벳을 순서만큼 반복해 눌러야 표시된다.

 30 장군총

1 모범답안

• 규칙: 2개씩 늘어난다.
• 다섯 번째에 놓일 쌓기나무의 개수: 7+2=9 (개)

STEAM 2 예시답안

장군총은 총 7층이며, 밑바닥은 정사각형 모양이고, 위로 올라가면서 일정한 비율로 좁아진다. 각 층마다 정사각형 모양으로 쌓기나무를 쌓고, 1층씩 올라갈수록 가로, 세로에서 각각 1칸씩 줄어드는 정사각형을 만들면 각 칸에 필요한 쌓기나무의 수는 다음과 같다.

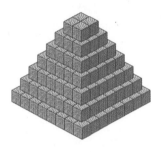

• 1층: $8 \times 8 = 64$ (개)
• 2층: $7 \times 7 = 49$ (개)
• 3층: $6 \times 6 = 36$ (개)
• 4층: $5 \times 5 = 25$ (개)
• 5층: $4 \times 4 = 16$ (개)
• 6층: $3 \times 3 = 9$ (개)
• 7층: $2 \times 2 = 4$ (개)

따라서 장군총 모양을 쌓기 위해 필요한 쌓기나무 도막은 모두 $64 + 49 + 36 + 25 + 16 + 9 + 4 = 203$ (개)이다.

해설

예시답안은 1층에 64개의 쌓기나무를 사용한 것이다. 장군총 모양의 크기는 제한이 없으므로 1층을 $7 \times 7 = 49$ (개)로 만들 수 있고, $9 \times 9 = 81$ (개)로도 만들 수 있다. 따라서 쌓기나무로 쌓는 장군총 모양의 크기를 다르게 하면 필요한 쌓기나무 도막의 개수가 달라진다.

31 곤충 키우기

예시답안

50개의 알은 약 40개의 애벌레가 되고, 40개의 애벌레는 약 35개의 번데기가 된다. 다음 단계로 넘어갈 때마다 수가 조금씩 줄어들고 있으며 줄어드는 정도는 5개 이하일 것이다. 따라서 약 30마리 정도의 성충이 될 것이다.

해설

정해진 답은 없지만 35마리 이하이어야 하고, 그 이유가 타당해야 한다.

예시답안

• 머리, 가슴, 배의 3부분으로 나눌 수 있다.
• 3쌍의 다리가 있다.
• 1쌍의 겹눈이 있다.
• 1쌍의 더듬이가 있다.
• 몸이 딱딱한 껍질로 싸여 있다.
• 알과 애벌레 시기를 지나 성충이 된다.
• 2쌍의 날개가 있다. 종에 따라 날개가 1쌍이 있거나 퇴화되어 없는 곤충도 있다.

해설

곤충은 전체 동물 가운데 75 %를 차지할 만큼 그 수가 많고 종류도 다양하다. 지금까지 기록된 종류만 해도 약 100만 종이 넘는다. 곤충은 숲 속의 죽은 동물의 시체나 낙엽 등을 먹어서 숲을 깨끗하게 청소하고, 먹고 난 후 내보내는 배설물은 숲의 식물들이 자라는 데 필요한 영양분으로 쓰인다. 또한, 곤충은 다른 동물들의 먹이가 되어 생태계가 잘 유지될 수 있도록 하며, 식물의 꽃가루받이를 하는 데 많은 도움을 준다.

32 마법 상자

모범답안

상자는 $2 \times 3 = 6$, $5 \times 6 = 30$, $3 \times 4 = 12$의 규칙으로 입력한 수와 그보다 1만큼 큰 수의 곱이 결과로 나온다. 따라서 9를 입력하면 입력한 수 9와 9보다 1만큼 큰 10의 곱이 결과로 나오므로 $9 \times 10 = 90$이다.

모범답안

입력한 수와 1만큼 차이나는 수를 곱해 56이 나오는 경우는 $7 \times 8 = 56$이므로 입력한 수는 7이다.

해설

연속한 두 수의 곱이 56이 되는 경우를 찾는다.

33 가위바위보

1 **모범답안**

- 예은이가 낼 수 있는 모양의 가짓수: 3
- 진우가 낼 수 있는 모양의 가짓수: 3

따라서 모든 경우의 수는 3×3=9이다.

해설

두 사람이 가위바위보를 해서 나올 수 있는 모든 경우의 수는 다음과 같다.

예은	진우	예은	진우	예은	진우
가위	가위	바위	가위	보	가위
	바위		바위		바위
	보		보		보

 STEAM 2 **예시답안**

- 보를 낸다. 대부분 사람은 바위를 먼저 내는 경우가 많기 때문이다.
- 비겼을 경우 비긴 모양에서 이기는 모양을 내는 경우가 많으므로 지는 모양을 낸다.

해설

영국의 한 대학에서 가위바위보를 이기는 방법에 대한 연구 결과를 소개했다. 학생 31명과 컴퓨터가 게임을 했고, 컴퓨터는 가위, 바위, 보를 각각 25번씩 내도록 설계되었다. 학생 1명은 75판씩 3번의 게임을 진행했다. 학생 대부분이 바위를 먼저 내는 경우가 많았으므로 보를 내는 것만으로도 이길 가능성이 컸다. 일반적인 사람들은 바위-가위-보 순서로 변화를 주므로 보-바위-가위 순서로 내면 이길 가능성이 높다. 또한, 대부분 학생은 승리했을 때 이긴 수를 계속 내는 경우가 많았다. 가위로 이겼으면 다음번에도 가위를 내는 경우가 많으므로 바위를 내면 이길 가능성이 높다.

34 반장의 조건

1 **모범답안**

5명의 후보 중 반장이 될 수 있는 학생은 5명, 부반장이 될 수 있는 학생은 반장이 된 학생을 뺀 4명, 총무가 될 수 있는 학생은 반장과 부반장을 뺀 3명이다. 따라서 가능한 모든 경우의 수는 5×4×3=60이다.

해설

5명 중 반장, 부반장, 총무가 될 수 있는 모든 경우의 수는 다음과 같다.

반장	A											
부반장	B			C			D			E		
총무	C	D	E	B	D	E	B	C	E	B	C	D
반장	B											
부반장	A			C			D			E		
총무	C	D	E	A	D	E	A	C	E	A	C	D
반장	C											
부반장	A			B			D			E		
총무	B	D	E	A	D	E	A	B	E	A	B	D
반장	D											
부반장	A			B			C			E		
총무	B	C	E	A	C	E	A	B	E	A	B	C
반장	E											
부반장	A			B			C			D			
총무	B	C	D	A	C	D	A	B	D	A	B	C

 STEAM 2 **예시답안**

- 책임감이 커야 한다.
- 약속을 잘 지켜야 한다.
- 다른 학생들을 잘 도와주어야 한다.
- 다른 사람을 배려할 줄 알아야 한다.
- 무슨 일이 생길 때 먼저 나서서 할 줄 알아야 한다.
- 다른 학생의 의견이나 어려움을 잘 들어주어야 한다.
- 열심히 공부하고 선생님의 말씀을 잘 들어 다른 학생에게 모범이 될 수 있어야 한다.

35 오늘 무엇을 먹을까?

1 모범답안

- 첫 번째로 고를 수 있는 튀김의 종류: 6가지
- 두 번째로 고를 수 있는 튀김의 종류: 5가지 (첫 번째로 고른 것 제외)
- 세 번째로 고를 수 있는 튀김의 종류: 4가지 (첫 번째와 두 번째로 고른 것 제외)

따라서 서로 다른 종류의 튀김 3가지를 고르는 모든 경우의 수는 $6 \times 5 \times 4 = 120$ (가지)이다.

2 예시답안

식사비가 20000원으로 정해져 있어 스테이크를 주문하면 음료와 디저트를 고를 수 없으므로 주문할 수 없다. 식사, 음료, 디저트를 각각 1가지씩 골라 20000원이 넘지 않는 모든 경우의 수는 다음과 같다.

식사	음료	디저트
돈가스	오렌지 주스	아이스크림
	콜라	케이크
		아이스크림
	사이다	케이크
		아이스크림

식사	음료	디저트
스파게티 또는 리조또	오렌지 주스	케이크
		아이스크림
	콜라	케이크
		아이스크림
	사이다	케이크
		아이스크림

따라서 선택 가능한 모든 경우의 수는
$5 + 6 + 6 = 17$ (가지)이다.

36 토너먼트전

1 예시답안

- 대진표

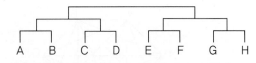

- 우승팀을 가리기 위해 필요한 경기 수: 7경기

2 모범답안

4팀, 8팀, 16팀, 32팀이 각각 토너먼트전으로 우승팀을 가리는 경우 필요한 경기 수는
(참가하는 팀의 수) − 1이다.

해설

두 팀이 경기를 치러 이긴 팀만 올라가므로 팀 수의 절반만큼 계속 더해야 한다.

- 4팀인 경우 필요한 경기 수: $2 + 1 = 3$ (경기)
- 8팀인 경우 필요한 경기 수: $4 + 2 + 1 = 7$ (경기)
- 16팀인 경우 필요한 경기 수: $8 + 4 + 2 + 1 = 15$ (경기)
- 32팀인 경우 필요한 경기 수:
  $16 + 8 + 4 + 2 + 1 = 31$ (경기)

토너먼트전 대진을 편성하는 방법은 참가팀의 수에 따라 두 가지로 나뉜다.

- 참가팀 수가 2의 거듭제곱 수인 경우: 참가팀이 2, 4, 8, 16, 32, …와 같이 2의 거듭제곱 수인 경우는 참가팀 전원이 1회전부터 짝지어서 대전한다.
- 참가팀 수가 2의 거듭제곱 수가 아닌 경우: 1회전에서 부전승을 내야 한다. 1회전에서 부전승을 만들어야 2회전에서 참가팀 수가 2의 거듭제곱 수가 되므로 마지막에 두 팀만 결승에서 대결할 수 있다. 부전승 팀은 보통 추첨으로 결정한다.

정답 및 해설

 37 리그전

① **모범답안**

• 대진표

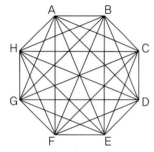

• 우승팀을 가리기 위해 필요한 경기 수:
7+6+5+4+3+2+1=28 (경기)

 STEAM ② **예시답안**

필요한 경기 수는 참가하는 팀의 수보다 1 작은 수부터 1까지의 합이다.

해설

리그전에 참가하는 팀의 수가 n이라면 1부터 (n-1)까지의 합을 구해 필요한 경기 수를 구할 수 있다. 또한, 리그전에서 치르는 경기 횟수는 한 팀당 'n-1'회씩 경기를 하고, 2팀씩 같은 경기를 한 경우가 2번씩 존재하므로 'n×(n - 1)'을 2로 나누어 구할 수 있다.

 38 우리 반 최강은?

① **예시답안**

• 리그전: 정확한 실력을 알 수 있지만 우승 팀을 가리는 데 너무 많은 시간이 걸린다.
• 토너먼트전: 간단하게 우승 팀을 가릴 수 있지만 대진운에 따라 실력과 결과가 다를 수 있다.

해설

각 경기 방법의 장점과 단점을 생각해 본다.

 STEAM ② **예시답안**

• 토너먼트전으로 우승자를 가리는 것이 좋다. 경기를 치르는 데 많은 시간이 걸리지 않고, 꿀밤을 맞아야 하므로 부상을 줄이려면 경기 수를 최소화하는 것이 효과적이기 때문이다.
• 예선을 짧은 시간에 할 수 있는 토너먼트전으로 하여 본선 진출자를 4명 뽑고, 본선은 여러 번 경기하여 정확한 실력을 알 수 있는 리그전으로 한다.

해설

리그전과 토너먼트전, 또는 두 방식을 혼합하는 방법 중 어느 것이든 답이 될 수 있지만, 근거가 타당해야 한다. 대부분의 스포츠 경기에서는 리그전과 토너먼트전을 혼합하는 방식으로 우승팀을 가린다. 월드컵 예선전에서는 전 세계 대륙별로 참가한 국가별 리그전으로 32팀을 가린 후, 32강에서 4팀씩 조별 리그전을 치러 상위 2팀씩 16강 진출 팀을 가린다. 이후 16강부터는 토너먼트전으로 경기를 치러 8강과 4강을 거쳐 마지막 결승전까지 진출한 두 팀 중에서 우승 팀을 가린다. 토너먼트전에서는 16개 팀이 우승 팀을 가리기까지 16-1=15 (번)의 경기를 치르고, 4강에서 탈락한 두 팀끼리 다시 경기를 치러 3, 4위를 가리게 되어 총 16번의 경기를 치른다.

39 다문화 가정의 학생 수

1 예시답안

- 공통점
  - 자료를 한눈에 쉽게 알 수 있다.
  - 다문화 가정의 학생 수를 알 수 있는 그래프이다.
- 차이점
  - 왼쪽 그림그래프는 다문화 가정의 학생 수의 많고 적음을 쉽게 비교할 수 있다.
  - 오른쪽 꺾은선그래프는 다문화 가정의 학생 수의 변화 정도를 한눈에 쉽게 알 수 있다.

 2 예시답안

- 반별 학생 수: 막대그래프
- 우리 반 학생들이 좋아하는 운동: 막대그래프
- 학생회장 선거 결과: 막대그래프
- 과목별 시험 점수: 막대그래프
- 학년별 시험 점수 변화: 꺾은선그래프
- 우리나라의 월별 기온 변화: 꺾은선그래프
- 우리나라 에너지 발전량: 막대그래프
- 연령별 인구 구성비 변화: 꺾은선그래프
- 우리 반 학생들의 한 달 동안 독서량: 막대그래프

해설

그래프는 주어진 자료의 결과를 한눈에 알아볼 수 있도록 나타낸 그림이다. 아무리 복잡한 통계라도 그래프로 그려 보면 쉽게 구별할 수 있다. 그래프에는 그림그래프, 막대그래프, 꺾은선그래프 등이 있다. 그림그래프와 막대그래프는 여러 가지 자료에 대한 수량의 크기를 쉽게 비교할 수 있고, 꺾은선 그래프는 수량의 변화를 쉽게 알 수 있다.

 40 고령화사회

1 예시답안

64세 이상 인구가 차지하는 비율이 14 % 이상이 되어 고령사회이다.

해설

띠그래프나 원그래프는 전체에서 차지하는 비율을 쉽게 알 수 있다. 우리나라는 2000년에 65세 이상 노인 인구 비율이 7.2 %로 고령화사회가 되었다. 2017년에는 유소년층 13.1 %, 청장년층 73.1 %, 노년층 13.8 %이다. 통계청에 따르면 2030년에는 0~14세 인구 비율이 11.4 %, 65세 이상 인구 비율은 24.3 %가 될 것으로 예상된다.

 2 예시답안

- 노인 부양과 노인 복지의 재정적 부담이 증가한다.
- 노후 대비 부족으로 노인 빈곤 문제가 발생할 수 있다.
- 핵가족의 보편화에 따라 노인 소외 문제가 발생할 수 있다.
- 생산 가능 인구 감소로 노동력이 감소해 경제 성장이 느려진다.

해설

고령화사회의 원인으로는 의료 기술의 발달과 생활 수준 향상으로 증가한 평균 수명, 독신 비율 증가, 여성의 사회 진출 및 양육비와 같은 경제적 부담 등으로 인한 출산율의 저하 등이 있다. 고령화사회의 해결 방안으로 출산을 장려하고, 노인의 일자리를 확보하며, 연금 제도나 복지 시설 등 노인의 삶의 질 향상을 위해 사회적 안전망을 확보해야 한다.

정답 및 해설

 41 지구 온난화의 주범

1 모범답안

$50 \times 120 \times 30 = 180000 \, (\text{cm}^3)$

해설

한 모서리가 1 cm인 정육면체의 부피를 1 cm³(세제곱센티미터)라 한다. 직육면체의 부피는 밑에 놓인 면의 가로, 세로와 높이에 영향을 받기 때문에 (가로)×(세로)×(높이)로 부피를 구할 수 있다.

 2 예시답안

• 전기 자동차를 활용한다.
• 친환경 제품을 사용한다.
• 쓰레기를 줄이고 재활용한다.
• 전기를 아껴 쓰고 전기 제품을 올바르게 사용한다.
• 소고기나 돼지고기를 적게 먹고, 채소를 많이 먹는다.
• 지구 온난화의 원인이 되는 온실가스를 제거하는 기술을 개발한다.
• 실내 온도를 여름철에는 26~28 ℃, 겨울철에는 20 ℃ 이하로 유지한다.

해설

지구 온난화는 온실 효과를 일으키는 온실가스가 대기 중에 너무 많아져 지구의 온도가 점점 올라가는 현상이다. 지구 온난화의 주원인은 화석 연료 사용에 따른 이산화 탄소 증가이다. 대기 중의 이산화 탄소 농도는 산업 혁명 이전의 평균 농도보다 약 35 % 증가했는데, 지구의 평균 기온과 이산화 탄소의 농도를 비교해 보면 지구 온난화와 인간의 활동이 연관되어 있다는 것을 알 수 있다.

 42 가장 높은 산은?

1 모범답안

$8848 - 6268 = 2580 \, (\text{m})$
에베레스트산이 침보라소산보다 2850 m 더 높다.

STEAM 2 모범답안

1 km=1000 m이므로 해수면을 기준으로 하면 에베레스트산의 높이는 8.848 km이고 침보라소산의 높이는 6.628 km이다.
지구의 중심을 기준으로 하면 북위 28°인 에베레스트산의 높이는
$6372.8 + 8.848 = 6381.648 \, (\text{km})$이고,
남위 1°인 침보라소산의 높이는
$6378.1 + 6.268 = 6384.368 \, (\text{km})$이다.
따라서 침보라소산과 에베레스트산의 높이 차는
$6384.368 - 6381.648 = 2.72 \, (\text{km})$이다.

해설

지구의 중심을 기준으로 한 산의 높이는 각 산의 위도에 따른 지구의 반지름과 해수면을 기준으로 한 산의 높이를 더하여 구할 수 있다. 북위 28°와 남위 1°에 해당하는 지구 반지름을 정확하게 알 수 없기 때문에 북위 28°인 에베레스트산은 30°에 가장 가까우므로 6372.8 km를 더하고, 남위 1°인 침보라소산은 0°에 가장 가까우므로 6378.1 km를 더한다. 해수면을 기준으로 하면 에베레스트산이 침보라소산보다 $8.848 - 6.268 = 2.85 \, (\text{km})$ 높지만, 지구의 중심을 기준으로 하면 침보라소산이 에베레스트산보다 2.72 km 더 높다.

43 똥을 팔아서 커피 마시기

1 모범답안

200 g의 똥은 10꿀이고 10꿀은 3600원이다. 따라서 9000원은 25꿀이고 500 g의 똥이다.

해설

200 g의 똥＝10꿀＝3600원

20 g의 똥＝1꿀＝360원

9000 (원)÷360 (원)＝25 (꿀)

25 (꿀)＝20 (g)×25 (꿀)＝500 (g)

2 예시답안

• 장점
 – 환경오염을 줄일 수 있다.
 – 버려지는 물질인 똥을 자원으로 활용할 수 있다.
• 단점
 – 똥을 모으는 방법이 번거롭다.
 – 똥을 모으는 전용 변기가 필요하다.
 – 똥을 자원으로 바꾸는 데 많은 시간과 공간이 필요하다.

해설

사이언스 월든 실험실에서 사용하는 변기는 물을 사용하지 않고 진공으로 대변과 소변을 빨아당긴다. 사이언스 월든 실험실은 물을 사용하지 않아 환경오염을 방지하고 수자원을 절약하며 버려지는 사람의 똥을 에너지화한다.

44 A4 용지를 접어보자

1 모범답안

A4 용지를 한 번 접을 때마다 장수는 2배씩 늘어나므로

• 1번 접었을 때 종이의 장 수: $1×2=2$ (장)
• 2번 접었을 때 종이의 장 수: $2×2=4$ (장)
• 3번 접었을 때 종이의 장 수: $4×2=8$ (장)
• 4번 접었을 때 종이의 장 수: $8×2=16$ (장)
• 5번 접었을 때 종이의 장 수: $16×2=32$ (장)
• 6번 접었을 때 종이의 장 수: $32×2=64$ (장)

따라서 A4용지를 6번 접었을 때 종이의 두께는 $64×0.1=6.4 \text{ mm}=0.64 \text{ cm}$이다.

해설

A4 용지를 한 번 접을 때마다 장수는 2배씩 늘어난다. A4 용지를 7번 접기 위해서는 0.64 cm 두께의 종이를 반으로 접어야 하는데 이것은 약 125~130페이지 분량의 책을 반으로 접는 것과 같다. 그러나 불가능한 일은 아니다. 단, A4 용지를 7번 접기 힘든 이유는 접을 수 있는 면적이 나오지 않기 때문이다.

2 모범답안

• 1번 접었을 때 종이의 넓이: $1024÷2=512$ (cm^2)
• 2번 접었을 때 종이의 넓이: $512÷2=256$ (cm^2)
• 3번 접었을 때 종이의 넓이: $256÷2=128$ (cm^2)
• 4번 접었을 때 종이의 넓이: $128÷2=64$ (cm^2)

해설

긴 길이로 절반씩 4번 접은 종이의 넓이는 처음 넓이의 $\frac{1}{16}$이 된다.

→ $1024×\frac{1}{16}=64$ (cm^2)

45 온도를 낮추는 페인트

1

모범답안

화씨온도는 어는점과 끓는점 구간을 180칸으로, 섭씨온도는 어는점과 끓는점 구간을 100칸으로 나눈 것이므로 화씨온도 180칸과 섭씨온도 100칸이 같다. 화씨온도는 32 °F에서 시작하므로 화씨온도 68 °F에서 32를 뺀 값은 36이고, 화씨온도 36칸은 섭씨온도 20칸과 같으므로 화씨온도 68 °F는 섭씨온도 20 ℃와 같다.

해설

섭씨온도는 우리나라를 비롯한 많은 나라가 사용하는 온도 단위로, 스웨덴의 물리학자이며 수학자였던 셀시우스가 제정했다. 화씨온도는 주로 미국에서 사용하는 온도 단위로, 유럽의 과학자 파렌하이트가 제정한 것이다.

 STEAM 2

예시답안

• 도심의 도로에 활용하면 도심 열섬현상을 줄일 수 있을 것이다.

• 건물의 외벽, 옥상, 지붕 등에 활용하면 여름에 냉방비를 줄일 수 있을 것이다.

• 축사 지붕, 기둥, 벽에 활용하면 여름에 냉방기를 사용하지 않고 축사 내부 온도를 낮출 수 있을 것이다.

해설

특수코팅제를 물과 아세톤과 함께 섞어 도로에 바르면 아세톤이 먼저 증발하고 나중에 물이 증발하면서 스펀지처럼 아주 작은 크기의 공기가 채워진 빈 공간이 많이 만들어진다. 지구상에서 가장 반사율이 높은 소재는 눈송이이다. 눈송이는 빈 공간이 많고, 그 빈 공간은 빛을 잘 반사한다. 특수코팅제의 작은 크기의 많은 빈 공간이 햇빛을 효과적으로 반사하는 것과 같은 원리이다.

46 만유인력 법칙

1

모범답안

공전 주기는 달이 지구 주위를 한 바퀴 돌아 처음 자리로 돌아오는 데 걸리는 시간이다. 한 바퀴는 360° 이므로 360÷13＝약 27.7 (일)이다.

 STEAM 2

예시답안

지구와 달이 서로 끌어당기는 힘과 달이 지구 주위를 돌면서 생기는 원심력이 균형을 이루고 있기 때문에 달이 일정한 거리를 유지하며 지구 주위를 돌고 있다.

해설

인공위성도 지구와 인공위성 사이의 만유인력과 인공위성이 지구 주위를 돌면서 생기는 원심력이 균형을 이루고 있기 때문에 일정한 거리를 유지하며 지구 주위를 돌고 있다. 만약 인공위성의 속도가 느려 원심력이 작아지면 인공위성은 만유인력에 의해 지구 쪽으로 끌려오고, 인공위성의 속도가 빨라 원심력이 커지면 인공위성은 만유인력을 이기고 지구와 멀어져 우주로 날아갈 것이다. 로켓의 속도를 매우 빠르게 하면 지구와의 만유인력을 이기고 지구와 멀어져 우주로 날아갈 수 있을 것이다.

죽음의 광선

1 모범답안

$90° - 60° = 30°$이므로 반사각의 크기는 $30°$이다. 빛이 거울로 들어가는 입사각과 반사되는 반사각의 크기가 같기 때문이다.

해설

거울에 빛을 비추면 빛이 거울 면에서 반사된 후 진행 방향이 바뀐다. 이때 거울로 들어가는 빛을 입사 광선, 거울에서 반사되어 나오는 빛을

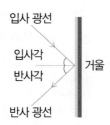

반사 광선이라 한다. 입사 광선과 거울 면에 수직인 선이 이루는 각을 입사각, 반사 광선과 거울 면에 수직인 선이 이루는 각을 반사각이라 한다. 빛이 거울 면에서 반사될 때 입사각과 반사각의 크기는 항상 같은데, 이것을 반사 법칙이라 한다.

 예시답안

우주에서는 총이나 대포와 같은 무기를 사용하면 발사할 때 생기는 반작용으로 튕겨 나가게 된다. 그러나 빛을 이용한 무기는 반작용이 없기 때문이다.

해설

총이나 대포를 사용하면 발사할 때 생기는 반작용으로 뒤로 약간 밀린다. 지구에서는 총을 잡고 있는 사람과 바닥의 마찰력, 대포와 바닥의 마찰력이 작용하므로 발사할 때 뒤로 약간 밀린다. 그러나 무중력 상태인 우주에서는 총이나 대포가 바닥에 닿지 않고 공중에 떠 있기 때문에 발사할 때 생기는 반작용에 의해 뒤로 튕겨 나가게 된다. 우주에서는 공기가 없어 마찰이 작용하지 않기 때문에 한 번 움직인 물체는 처음 속도 그대로 계속 앞이나 뒤로 나아간다.

 어리석은 파홈

1 모범답안

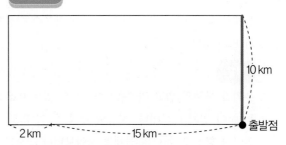

10 km 이동한 후 왼쪽으로 꺾은 후 다시 왼쪽으로 꺾기 전까지 걸었던 거리는 17 km이다.
따라서 파홈이 이동한 땅은 가로 17 km, 세로 10 km이므로 넓이는 $10 \times 17 = 170$ (km^2)이다.

 모범답안

넓이가 같을 때 둘레가 가장 작은 도형은 원이므로 최대한 큰 원을 그리며 걸어야 한다.

해설

둘레가 같을 때 넓이가 가장 큰 도형은 원이다. 같은 길이의 끈으로 만들 수 있는 도형 중에서 정삼각형이 가장 넓이가 작고, 정사각형, 정오각형, 정육각형, 정팔각형, 정십이각형의 순으로 넓이가 커진다. 변의 개수를 무한히 늘려나가면 결국 원 모양에 가까워지므로 둘레가 같은 도형 중에서 원의 넓이가 가장 크다.

49 눈으로 볼 수 있는 범위

1 모범답안

물체와 두 눈이 이루는 각의 크기가 작을수록 물체가 멀리 있다.

해설

우리가 물체의 멀고 가까움을 느낄 수 있는 이유는 두 눈이 있기 때문이다. 사람의 두 눈은 약 6.5 cm 떨어져 있는데, 하나의 물체를 바라보더라도 오른쪽과 왼쪽 눈은 서로 다른 각도에서 물체를 보게 된다. 이때 두 눈과 물체가 이루는 각도를 광각이라 한다. 가까이 있는 물체는 광각이 크고 멀리 있는 물체는 광각이 작다. 광각 차이를 이용해 물체와 거리가 가까운지 먼지를 알 수 있다.

 2 예시답안

육식동물은 눈이 앞에 있으므로 시야가 좁지만 먹이를 집중해서 볼 수 있고, 초식동물은 눈이 양쪽 옆에 있으므로 시야가 넓어 주변 전체를 볼 수 있다.

해설

초식동물의 눈은 주로 머리 양옆에 있어 넓은 각도를 훑어보면서 거의 모든 방향의 움직임을 포착해 낼 수 있다. 이 경우 이들이 추적하는 움직임의 대상은 자기를 잡아먹는 포식자다. 토끼의 각 눈은 수평 방향의 약 190° 범위를 볼 수 있어 수평으로 360°를 모두 볼 수 있고, 양쪽 눈으로 볼 수 있는 시야는 약 10°이다. 토끼는 뒤에서 다가가도 바로 알아차린다. 반대로 육식동물의 눈은 머리 앞쪽에 있어 주변 환경을 많이 보지는 못해도 양안 시야가 넓어서 앞에 있는 목표물을 정확하게 보고 거리를 판단하는 데는 훨씬 유리하다. 고양이의 눈은 각각 수평 방향의 약 200° 범위를 볼 수 있고 양쪽 눈으로 볼 수 있는 시야는 약 120°이다.

 50 로또 1등의 확률

1 예시답안

45개 중 4개의 수를 뽑았으므로 남은 수는 41개이다. 41개 중 다섯 번째 수가 될 수 있는 경우의 수는 41가지, 여섯 번째 수가 될 수 있는 경우의 수는 40가지이고, 같은 수이지만 순서가 다를 경우가 2가지씩 있다. 따라서 로또 1000회차 1등 당첨 번호가 될 수 있는 모든 경우의 수는
$41 \times 40 \div 2 = 820$ (가지)이다.

해설

로또에서 45개 중 6개의 수를 뽑는 경우의 수는
$45 \times 44 \times 43 \times 42 \times 41 \times 40 = 5864443200$ (가지)이고, 이 중 6개의 숫자가 중복될 경우의 수는
$6 \times 5 \times 4 \times 3 \times 2 \times 1 = 720$ (가지)이다.
따라서 45개 중 6개 수를 뽑는 경우의 수는
$5864443200 \div 720 = 8145060$ (가지)이다.
$(확률) = \dfrac{1}{(경우의 수)}$ 이므로 로또 1등에 당첨될 확률은 $\dfrac{1}{8145060}$ 이다.

 2 예시답안

ⓒ - ⓔ - ⓛ - ⓝ

해설

분자가 1인 분수에서 분모의 수가 클수록 크기가 작다.

영재성검사 창의적 문제해결력

기출문제
정답 및 해설

정답 및 해설

1

모범답안

6, 7, 8

해설

배추흰나비 애벌레 한 마리가 17일째 세 번째 케일을 먹고 있었고, 처음 4개의 케일의 잎의 수가 모두 같다.

배추흰나비 애벌레가 17일째 세 번째 케일로 이동했으면 16일 동안 케일 2개의 잎을 모두 먹었으므로 케일 1개에 있는 잎의 수는 8장이다.

배추흰나비 애벌레가 15일째 세 번째 케일로 이동했으면 14일 동안 케일 2개의 잎을 모두 먹었으므로 케일 1개에 있는 잎의 수는 7장이다.

배추흰나비 애벌레가 13일째 세 번째 케일로 이동했으면 12일 동안 케일 2개의 잎을 모두 먹었으므로 케일 1개에 있는 잎의 수는 6장이다.

배추흰나비 애벌레가 11일째 세 번째 케일로 이동했으면 10일 동안 케일 2개의 잎을 모두 먹었으므로 케일 1개에 있는 잎의 수는 5장이다. 이때 17일째 세 번째 케일에 있었으므로 세 번째 케일의 잎의 수는 7장이 되어 성립하지 않는다.

따라서 케일 1개에 있는 잎의 수가 될 수 있는 수는 6, 7, 8이다.

2

모범답안

• 주사위를 2번 던졌을 때, 처음 나온 눈의 수가 두 번째 나온 눈의 수보다 크면 두 수의 차가 점수이다.

• 주사위를 던져 나온 두 눈의 수가 같으면 두 수를 합한 값이 점수이다.

• 주사위를 2번 던졌을 때, 처음 나온 눈의 수가 두 번째 나온 눈의 수보다 작으면 두 수를 곱한 값이 점수이다.

3

모범답안

(1) 81개
(2) 81개

해설

(1) 규칙 ②에 의해 만들어진 무늬에서 정사각형의 한 변이 지름인 원은 각 꼭짓점을 중심으로 모두 4개 그려진다. 이와 같은 무늬 100개를 이어 붙여 큰 정사각형을 만들면 가로와 세로에 각각 10개씩 그려지고, 정사각형의 한 변이 지름인 원은 무늬 4개가 맞닿은 곳에 그려진다.
따라서 가로 방향으로 9개, 세로 방향으로 9개씩 그려지므로 총 9×9=81(개) 그려진다.

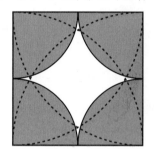

(2) 규칙 ③에 의해 만들어진 무늬에서 정사각형의 한 변이 반지름인 원은 각 꼭짓점을 중심으로 모두 4개 그려진다. 이와 같은 무늬 100개를 이어 붙여 큰 정사각형을 만들면 가로와 세로에 각각 10개씩 그려지고, 정사각형의 한 변이 반지름인 원은 무늬 4개가 맞닿은 곳에 그려진다.
따라서 가로 방향으로 9개, 세로 방향으로 9개씩 그려지므로 총 9×9=81(개) 그려진다.

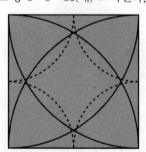

4 모범답안

구분	A	B	C	D	E	F
알파벳에 해당하는 숫자	6	5	2	3	4	1

해설

하나만 연결된 것은 F와 1이므로 F는 1이다.

그 다음 연결된 것은 F−A, 1−6이므로 A는 6이다.

A에 연결된 B와 6에 연결된 5는 같이 하나로 연결되어 있으므로 B는 5이다.

그다음 B와 연결된 것은 E이고, 5에 연결된 것은 4이므로 E는 4이다.

A에 연결된 D와 6에 연결된 3은 같은 형태이므로 D는 3이다.

D, E와 삼각형을 이루는 것은 C이고 3, 4와 삼각형을 이루는 것은 2이므로 C는 2이다.

5 예시답안

(1)
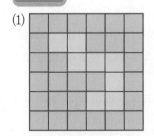 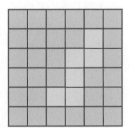

(2)
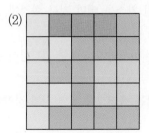 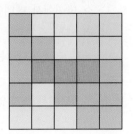

해설

예시답안 이외에 다른 여러 가지 방법으로 채울 수 있다.

6 예시답안

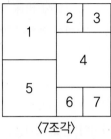
〈7조각〉

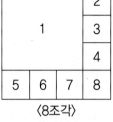
〈8조각〉

〈10조각〉

〈13조각〉

해설

조건에 맞게 정사각형의 개수를 찾도록 한다. 예시답안의 방법 외에도 여러 가지 방법으로 정사각형을 나눌 수 있다. 이때 정사각형의 위치는 달라질 수 있지만, 정사각형은 겹쳐질 수 없다.

7 예시답안

(1)
1	3	6	7	8
2	4	9	10	11
5	12	13	14	15
16	17	18	19	20
21	22	23	24	25

(2)
1	2	5	6	7
3	4	10	11	12
8	13	14	15	16
9	17	18	19	20
21	22	23	24	25

(3)
1	2	3	6	7
4	5	8	9	10
11	12	13	14	15
16	17	18	19	20
21	22	23	24	25

(4)
1	6	7	8	9
2	10	11	12	13
3	14	15	16	17
4	18	19	20	21
5	22	23	24	25

해설

예시답안 이외에 다른 여러 가지 방법으로 채울 수 있다.

정답 및 해설

8   **모범답안**

현무암이 더 무겁다. 현무암은 화강암에 비해 철이나 마그네슘 등의 무거운 물질을 많이 포함하고 있기 때문이다.

해설

밀도는 단위 부피에 대한 질량으로 물질의 특성이다. 현무암은 공기 구멍이 있어서 언뜻 보기에는 화강암보다 가벼워 보이지만 실제 같은 부피의 화강암과 현무암을 비교하면 현무암이 더 무겁다. 화강암은 산소, 규소, 나트륨과 같이 가벼운 물질을 많이 포함하고 있고 현무암에 비해 조직에 빈틈이 많다. 현무암은 철이나 마그네슘 등의 무거운 물질을 많이 포함하고 있으며 입자가 미세하여 촘촘하게 쌓여서 만들어지므로 밀도가 높다.

9 **예시답안**

① 응결: 공기 중의 수증기가 차가워져 서로 엉겨 붙어 물방울이 되는 현상

② 응결 현상의 예
- 새벽에 안개가 생긴다.
- 새벽에 풀잎에 이슬이 생긴다.
- 높은 하늘에서 구름이 생긴다.
- 뜨거운 라면을 먹을 때 안경에 김이 서린다.
- 목욕탕에서 뜨거운 물로 샤워를 하면 거울에 김이 서린다.
- 컵에 차가운 음료를 담아놓으면 컵 표면에 물방울이 생긴다.

〈안개〉

〈이슬〉

〈구름〉

〈샤워부스에 생긴 김〉

〈컵 표면 물방울〉

〈안경에 생긴 김〉

10 **예시답안**

- 바닷물에서 소금을 빼면 담수가 플러스다.
- 비만인 사람이 살을 빼면 건강이 플러스다.
- 아파트에서 층간 소음을 빼면 행복함이 플러스다.
- 제품에서 과대 포장을 빼면 지구 환경에 플러스다.
- 음식을 포장할 때 공기를 빼면 신선함이 플러스다.
- 길거리에 떨어진 쓰레기를 빼면 깨끗함이 플러스다.
- 생활 속 플라스틱 사용을 빼면 지구 환경에 플러스다.
- 소 방귀에서 메테인 가스를 빼면 지구 환경에 플러스다.
- 공기 중에 떠다니는 미세먼지를 빼면 건강함이 플러스다.
- 콘센트에서 쓰지 않는 플러그를 빼면 전기 절약이 플러스다.

11 모범답안

① 마그마가 지표로 흘러나와 빠르게 굳어져서 생성되어 알갱이 크기가 작다.

② 마그마가 지표로 흘러나와 빠르게 굳을 때 가스가 빠져나가지 못해서 생긴 크고 작은 구멍이 많이 뚫려 있다.

해설

현무암은 검은색이나 회색이며 알갱이의 크기가 매우 작고 표면은 매우 거칠거칠하다. 겉 표면에는 크고 작은 구멍이 있다. 현무암의 구멍은 화산이 분출할 때 가스 성분이 빠져나간 자리이다. 현무암은 마그마가 지표로 흘러나와 빠르게 굳어져서 만들어진다. 이때 가스가 빠져나간 자리를 메우기도 전에 굳어 버리기 때문에 구멍이 생긴다.

12 모범답안

• 오래 저장하는 경우 변질되기 쉽다.

• 엔진을 부식시키는 특징이 있어 엔진의 고장을 유발한다.

• 폐식용유 등 폐자원의 활용으로 환경오염 저감 효과가 있다.

• 지구온난화의 주범인 이산화 탄소 배출량이 경유에 비해 적다.

• 바이오디젤을 생산하기 위해서는 많은 양의 식물자원이 필요하다.

• 바이오디젤은 수중에 유출될 때 경유에 비해 4배 정도 빠르게 생분해된다.

• 식량자원을 이용한 연료라는 점에서 환경파괴와 전 세계 식량공급에 대한 문제점이 있다.

• 지속적인 생산이 가능한 식물로부터 생산되므로 석유와 같은 자원의 고갈 문제가 없다.

• 연료에 황성분이 거의 포함되어 있지 않아서 산성비의 주범인 황산화물을 거의 배출하지 않는다.

• 식물을 재배하기 위한 토지 확보와 기후 변화에 따라 생산량의 변동이 있어 가격의 안정성 확보가 어렵다.

13 모범답안

〈실험 방법〉

① 자석을 이용하여 혼합물에서 쇠구슬을 분리한다.

② 종이컵에 송곳으로 조보다 크고 쥐눈이콩보다 작은 구멍을 뚫어 남은 혼합물에서 조를 분리한다.

③ 종이컵에 송곳으로 쥐눈이콩보다 크고 아몬드보다 작은 구멍을 뚫어 남은 혼합물에서 쥐눈이콩을 분리한다.

④ 수조에 물을 담아 남은 혼합물에서 스티로폼 구와 아몬드를 분리한다.

〈실험 결과〉

① 혼합물에서 자석에 붙는 쇠구슬이 분리된다.

② 알갱이 크기 차이를 이용하여 조보다 크고 쥐눈이콩보다 작은 구멍으로 조만 분리된다.

③ 알갱이 크기 차이를 이용하여 쥐눈이콩보다 크고 아몬드보다 작은 구멍으로 쥐눈이콩이 분리된다.

④ 물에 뜨는 성질을 이용하여 물에 뜨는 스티로폼 구와 물에 가라앉는 아몬드가 분리된다.

해설

자로 혼합물의 알갱이 크기를 비교하여 알갱이 크기 차이로 혼합물 분리가 가능하다. 그러나 주어진 문제에서 다양한 방법으로 분류하는 실험을 설계해야 하므로 자석, 물의 부력, 알갱이 크기 차이 등을 이용하여 분리하는 실험을 설계한다. 물을 처음에 사용하면 혼합물이 물에 다 젖어서 다음 혼합물을 분리할 때 어려움이 있으므로 물을 마지막에 사용한다.

14 예시답안

- 올림푸스 산에 가보고 싶다. 올림푸스 산은 태양계의 행성 중 가장 높은 화산이기 때문이다.

- 화성 극지방의 극관을 조사하여 물이 있는지 분석해보고 싶다. 학자들에 따라 극관에 물이 있는지 없는지 등 의견이 엇갈리기 때문이다.

- 생물체의 흔적을 찾아보고 싶다. 화성에 착륙한 바이킹 1호와 2호도 생물체를 찾지 못했으므로 최초로 화성의 생물체를 찾은 사람이 되고 싶다.

- 태양전지를 설치하여 전기를 만들고 싶다. 화성은 대기가 두껍지 않으므로 태양전지 효율이 높을 것으로 예상된다. 태양 전지에서 만든 전기로 산소와 물을 만들고 냉난방을 해야 하기 때문이다.

- 화성 지하를 연구해 지하수가 있는지 확인해 보고 싶다. 최근에 화성 지하에 지하수 형태의 액체가 존재할 가능성이 크다는 주장이 있어서 직접 확인해보고 싶다. 물은 생명체가 살아가는 데 꼭 필요한 물질이기 때문이다.

- 이산화 탄소 농도가 높은 화성 대기에서 식물을 키우며 지구에서 자라는 속도와 비교해 보고 싶다. 식물이 광합성을 하는 데 이산화 탄소가 필요하므로 지구에서보다 이산화 탄소 농도가 높은 화성에서 식물이 더 빨리 자라는지 알아보고 싶다.

- 화성의 여러 모습과 화성에서 본 지구의 모습을 촬영해서 지구에 전송해 주고 싶다.

메모

STEAM
창의사고력
수학 100제 초등

메모

STEAM
창의사고력
수학 100제 초등

SD에듀와 함께 꿈을 키워요!
www.sdedu.co.kr

안쌤의 STEAM+창의사고력 수학 100제 초등 4학년

초 판 2 쇄	2024년 03월 05일 (인쇄 2024년 02월 01일)
초 판 발 행	2023년 03월 03일 (인쇄 2022년 12월 28일)
발 행 인	박영일
책 임 편 집	이해욱
편 저	안쌤 영재교육연구소
감 수	김단영
편 집 진 행	이미림 · 박누리별 · 백나현
표 지 디 자 인	박수영
편 집 디 자 인	홍영란 · 채현주
발 행 처	(주)시대교육
공 급 처	(주)시대고시기획
출 판 등 록	제 10-1521호
주 소	서울시 마포구 큰우물로 75 [도화동 538 성지 B/D] 9F
전 화	1600-3600
팩 스	02-701-8823
홈 페 이 지	www.sdedu.co.kr
I S B N	979-11-383-4116-5 (64410)
	979-11-383-4115-8 (세트)
정 가	17,000원